室内设计接单技巧与方案创意手绘表达高级培训教程

室内设计接单技巧与快速手绘表达提高

深圳市天宇文化传媒发展有限公司　策划

贾　森　编著

中国建筑工业出版社

图书在版编目（CIP）数据

室内设计接单技巧与快速手绘表达提高／贾森编著.－北京：中国建筑工业出版社，2006

室内设计接单技巧与方案创意手绘表达高级培训教程

ISBN 978-7-112-08017-5

Ⅰ.室… Ⅱ.贾… Ⅲ.①住宅－室内装修－建筑设计－技术培训－教材②住宅－室内装修－建筑制图－技法（美术）－技术培训－教材 Ⅳ.TU767

中国版本图书馆CIP数据核字（2006）第006712号

  成为家装设计和接单高手是每个室内设计师的愿望，而要想成为设计和接单高手，手绘表达和方案创意又是必须掌握的技巧。本套丛书从室内设计师接单时最迫切需要的手绘表达和方案创意入手，从基础开始，全方位提高室内设计师接单水平。全书图文并茂，深入浅出，辅以大量成功经验和实例。本书为第二册，主要内容是家装设计接单技巧和快速手绘效果图表达。

  本书可作为大专院校建筑装饰与室内设计专业辅助教材，也可作为室内设计师或家装从业人员入门、提高和资质考核应试的必备自学参考教材。

责任编辑：费海玲 王雁宾
责任校对：孙 爽 关 健

室内设计接单技巧与方案创意手绘表达高级培训教程
室内设计接单技巧与快速手绘表达提高
深圳市天宇文化传媒发展有限公司 策划
贾 森 编著

*

中国建筑工业出版社出版、发行（北京西郊百万庄）
各地新华书店、建筑书店经销
北京图文天地中青彩印制版有限公司制版
北京方嘉彩色印刷有限责任公司印刷

*

开本：880×1230毫米 1/16 印张：11¾ 字数：293千字
2006年2月第一版 2011年8月第三次印刷
印数：3501—4100册 定价：90.00元
ISBN 978-7-112-08017-5
  （13970）

版权所有 翻印必究
如有印装质量问题，可寄本社退换
（邮政编码100037）

编写说明

先前，我们曾编辑出版过《金牌设计师接单高手基础教程》一书。近来，不断有读者想详细请教在接单时如何提高手绘表达以及方案创意能力的知识与技巧——很高兴这些年轻的设计师们已经认识到手绘和创意的重要性。其实，要想成为室内设计接单高手，手绘表达和方案创意是设计师最迫切需要、也是最应该掌握的技巧之一。

这套丛书就是关于室内设计师在接单时如何提高手绘表达能力和方案创意技巧的。我们想把它做成一套可实际运用的培训教程，在一个月，也就是30天之内完成。当然，这种培训在大多数情况下，是一种自我培训。

全书的整体安排就是要达到这样的目标：既能体现出职业训练的实际感，又具备培训教程的整体感。

在家装公司的客户接待流程中，家装设计师常常把从第一次接触客户并开始为客户做设计方案，到最后签订家装设计或施工合同这个阶段的工作叫做"接单"。接单是一个过程，包括"客户咨询"、"方案设计"、"签订合同"等工作，其中"方案设计"是接单的过程和手段，"签订合同"是接单的目标和结果。

家装设计师最显著的特点就是每天必须亲自面对客户"接单"，每一笔设计合同都必须通过设计师不懈地"征服"客户才能得到。因此家装设计的接单，是家装设计师最重要的工作，也是最关键的工作。

家装公司的工作是从设计师接单开始的。设计师不能成功地顺利签单，其他一切工作都无从谈起。

有的人说，家装设计的接单，和客户"打交道"最难，似乎客户的心理永远也摸不透，不知道为什么总是遭到客户的拒绝；有的人说，家装设计的接单，方案创意最难，"学不会的"，要有"天才"才行；有的立志要出好方案，却无从着手，看人家做的方案很好，"不知是怎么想出来的"。

家装设计的接单怎样学习？这种全方位的家装人才怎样培养？

一方面可以正规地培养，如大学本科、专科，更高层次的是研究生。这些就是所谓"科班"出身，但他们毕竟是少数，还满足不了当今社会的需要，所以现在正在从事家装设计的人，有很大一部分不是专业正统出身，而是其他专业（甚至非专业的人）通过短期培训或自学，在实际工作中边学习边提高边成才的。不论是"科班"出身的还是非"科班"出身的，他们都渴望能有各种书籍通过阅读并实践，来提高他们的设计和接单水准。

每个设计师都渴望自己成为家装设计和接单高手，无论是家装公司主管，还是普通设计师，甚至是业务员。他们想提高自己的接单能力，就是不知从何学起。如果有一本"怎样成为家装设计和接单高手"的书，那是求之不得的事了。这本书就是为满足这些人的需要而写的。

有关家装设计的书籍很多，但真正致用的却不多。一种是资料性的，把各种家装（设计）实录成册；有的介绍一些设计和装修的时间和地点，建筑面积等等；更有甚者，只有一幅幅的照片，连平面图也没有。这些书装潢得很考究，当然书价也相当昂贵。真正做设计的人，多半不喜欢这样的书。另外，有一种书，也谈家装设计，但都是给普通家装业主看的，肤浅而无物，只是一些装修常识罢了，对设计师的设计能力提高帮助不大；还有专门介绍室内设计原理的书，但往往都是一些抽象的设计理论，而不是设计实战手法和技巧，对于家装设计和接单帮助不大。

鉴于这样的情况，作者以自己长期的家装设计和接单经验，再参阅大量的具体实例，做到边举例边分析，理论和实践结合，从读者"想真正学点设计和接单方法"的愿望出发来写此书，相信读者是会感兴趣的。从这个写作意图和切入点来说，作者以为，这至少克服了目前其他家装设计书的种种弊端。

本套丛书不同于一般的设计专业书，针对家装设计综合性强，重实战技能操作等特点，作者全面系统地阐述包括设计咨询、方案设计、预算报价、材料验收和施工监理等家装设计师应掌握的所有知识和技能。按照本书所传授的方法一步步坚持学习和实践，就一定能成为一个全面型的设计师和接单高手。当然，学完本书，你也就学会了如何去看社会上那些令人眼花缭乱的"设计"书了。

这套丛书应当视为家装设计和接单入门的书，但对于设计或接单比较熟悉的人读了也是有益的，这也正是此书的特点。它可以视为一本学习家装设计和接单的主要参考书，也可以视为一本自学家装设计和接单的自学读本。本书的特点也正是在于由浅入深，深入浅出。如果觉得自己有点设计或接单经验，可以看其中比较深的一部分，浅显的部分可以不看。对于初学者，则从头读起，逐章逐节，是很有顺序性的，能做到边学习边提高，但需结合设计和接单实践。

相信读者通过学习，可以轻松掌握家装设计和接单的基本方法和应用技能，一步步成为家装设计接单高手。

前 言

家庭装修的火爆，每年吸引了大量的有志之士加入到家装设计师大军中来。无疑，随着房地产业的发展和人们生活水平的提高，家庭装修行业会更加蓬勃地发展。

每一个家装公司都需要家装接单高手，无论他是大公司还是小公司，也无论他是优秀公司还是业绩比较差的小公司。

因为，优秀公司的业务一直在扩大，优秀公司也需要进一步扩大自己的业务，肯定需要金牌业务员来帮助他们迅速扩展业务。

而那些暂时比较困难的公司，之所以困难，大多是因为接不到设计和装修的单，或者收不回工程款，造成经营困难，这时候，更需要家装接单高手来帮助他们度过难关。

经济繁荣房地产火爆的时期，家装生意比较好做，家装接单高手的价值还不能充分体现出来，在经济衰退或者房地产增长放慢的时候，家装接单高手是对"失业"这种流行病具有免疫力的人。

幸运的是，随着房地产的蓬勃发展，未来十年，家装行业仍然会继续火爆。家装接单高手，必然会是令人羡慕的职业，稳定的工作、较高的收入、自由的工作时间、别人羡慕的目光，这一切，家装接单高手这个职业都会帮助你实现。

但是，要想成为家装接单高手，你不仅要学会设计，更要学会用设计赚钱；不但需要你勤快的双手，还需要你勤快的头脑——家装设计师接单高手是用脑袋来挣钱的。

帮助你训练自己的头脑，帮助你成为家装接单高手，就是本书惟一的目标。

在家装行业里往往有一个怪现象：能设计的人未必能够接到单，而能够接到单的人未必能做好设计。似乎"设计"和"接单"是截然分开的两码事。其实，要想成为家装设计接单高手，"设计"和"接单""两手都要硬"。看看那些多年从事家装设计的接单高手（他们大都早已是家装公司的老板或是设计主管了），我们会发现，他们都是既懂设计，又懂跟客户打交道的全面型的设计精英！要想成功，其实很简单，我们只需把这些人成功的经验复制下来，然后按照这些方法去做就可以了。

读者通过本书的学习能够解决两个问题：第一，帮助读者科学有效地学好家装设计的技巧，从基础开始，快速掌握家装设计的基本要领。第二，帮助读者学好家装设计接单实战技巧，迅速掌握设计师接待客户的方法和成功签单的秘诀。

目前虽有大量家装图书，可是大部分多为资料集之类，也就是说，是供家装设计中具体需用的、数据的、条文的资料，至多是实例实录。这就难以满足他们的自学要求，提高他们的设计水准，尤其是家装接单实战技能。鉴于这样一种现象，我们组织编著了这样一套系列丛书，以飨读者。

需要强调说明的是，此书与其他家装室内设计类书最大的不同是：针对家装设计师的特点，不仅仅是培养单纯的设计能力，而且更注重培养这些能力在家装设计接单中的实战应用。其中很多内容都是作者多年来设计经验的总结和众多设计高手成功接单的秘笈。

此书对那些欲从事家装设计的读者从基础开始学习，或对正在从事家装设计的读者欲突破自我、全面提高都有很大的帮助。读者只要循序渐进地按照书中的步骤坚持下去，设计和接单能力必将会大有长进。更重要的是应用作者独特的快乐家装理论，读者将游刃有余地把握家装设计客户，成为既能做好设计，又能接好单的家装设计接单高手。

感谢以下参与编写人员：贾　森、李　强、于晓丽、刘　军、于晓冰、薛海涛、葛晓林、李　壮、薛　蓉、骞　钢、吴　青、薛长清、赵晓霞、周晓阳、傅丽荣、肖力红、李艳琪、王小广、余巧云、李竹善、宇他伟、李建平、贺婷婷、李杨平、方文风、胡春超、刘航志、赵芯怡、李江林等。

丛书编委会

目　　录

第一章
怎样学好快速手绘效果图
- 从设计师接单到表现性快速手绘 1
- 学好快速手绘效果图的两个法则 3
- 学习快速手绘效果图的步骤 7
- 造型要从结构素描开始 13
- 用色来表现质感和光影气氛 25
- 练就一双判断精确的眼睛 34
- 多做室内速写和照片临摹练习 44

第二章
快速手绘技法训练与实例
- 从简单的单体循序渐进地入手 50
- 室内各种材质的快速表现练习 51
- 室内各种单体的快速表现练习 59
- 家装快速手绘综合表现技巧实例 71

第三章
怎样搞清客户的真实需求
- 搞清楚客户的家庭人员与生活方式 79
- 搞清楚户型格局和存在的问题 81
- 家装客户都要做哪些装修项目 86
- 搞清楚家装客户能承受的装修标准 89
- 搞清楚家装客户喜好的装饰材料 90
- 搞清楚家装客户的风格取向 92
- 搞清楚家装客户的色彩与色调喜好 93
- 搞清楚装饰照明的需求 94
- 搞清楚家装客户的投资预算 95

第四章
接单时如何介绍家装方案
- 好的方案是介绍出来的 101
- 方案介绍前要搞清楚的三个问题 102
- 设计师怎样介绍家装方案才吸引人 103

- 介绍方案时怎样调动家装客户的签单欲望 . 106
- 介绍方案时要做好哪些准备 108
- 设计师介绍方案的方法和步骤 109

第五章
家装接单时预算报价的技巧
- 怎样处理家装客户的价格问题 113
- 家装报价时应注意哪些问题 119

第六章
怎样签订合同不会有纠纷
- 签订家装合同前必须具备的条件 123
- 怎样确定要装修的项目内容？.............. 125
- 为什么会发生家庭装修纠纷？.............. 127
- 家装施工有哪些承包方式 129
- 怎样签订家装施工合同 129
- 家庭装修施工期间应注意什么？.......... 134
- 装修中途设计有变动怎么办？.............. 137

第七章
怎样让挑剔的家装客户签单
- 挑剔的才是真正的家装客户 139
- 怎样应对挑剔的家装客户 141

- 不要把挑剔意见当作拒绝 142
- 回复家装客户挑剔意见的时机 145
- 要用问句来回复挑剔的家装客户 146
- 如果客户总是犹豫不决怎么办 147
- 家装客户总是纠缠价格怎么办 148

第八章
家装接单六种强效成交技巧
- 家装成功接单的基本条件 151
- 学会分析和把握家装客户 152
- 怎样抓住家装客户签单信号 156
- 寻找出家装客户签单的热钮 157
- 家装接单六种强效成交技巧 158

第九章
接单与快速表达流程实例
第一步　强化接单管理
　　　　保护公司和设计师权利 166
第二步　用实例交流沟通
　　　　用知识赢得信任 166
第三步　步步完工预视
　　　　完美表达业主意愿 168
第四步　当场做出预算报价表 177

参考文献 180

第一章

怎样学好快速手绘效果图

学好快速手绘效果图，一是学习用线条来表现结构；二是学习用色来表现光影。像学习数理化一样，这也是有规律可循的。常听人说："绘画能力是天生的"，但我常说的一句话就是："现在还不晚，马上开始画吧。"

学习要点

1、学习家装快速徒手图表达的要点
2、学习家装快速徒手图表达的步骤
3、徒手画透视常识与快速徒手图表达
4、素描和色彩知识与快速徒手图表达
5、家装室内速写练习与快速徒手图表达
6、家装照片临摹练习与快速徒手图表达

从设计师接单到表现性快速手绘

前面，我们重点学习了工作性快速手绘，从这一节开始，我们开始学习表现性快速手绘效果图。

工作性快速手绘一般都是以二维的黑白线条平面图为主，而表现性快速手绘效果图一般都是以三维的彩色透视效果图为主。从某种程度上讲，后者才是我们常说的真正意义上的快速手绘效果"图"。

我们已经知道，对于家装设计师来说，快速手绘效果图表现是一门基本功。

快速手绘效果图是设计师在接单设计时思维最直接、最自然、最便捷和最经济的表现形式。它可以在设计师的抽象思维和具象的表达之间进行实时的交流和反馈，使设计师有可能抓住转瞬即逝的灵感火花；快速手绘效果图也是培养设计师对于形态的分析理解和表现的好方法，它也是培养设计师艺术修养和技巧行之有效的途径。

另一方面，快速手绘效果图也是设计师提高设计接单成

手绘的速度和感染力是关键

快速徒手画是设计师设计思维的灵感表现，也是和家装客户沟通的工具。因此，家装设计思维的"快速表现"是手绘最为重要的学习要素。

同时，快速徒手画也是设计师征服家装客户的武器。因此，其独特的作画技巧和艺术感染力也是很重要的。

你只有牢牢把握住这两点，才能找到正确的学习方法，才不会在学习中迷失方向。

第一章　怎样学好快速手绘效果图

快速手绘表现实例 1-1

表现性快速手绘一般都是以三维的彩色透视效果图为主，是设计师在接单设计时思维最直接、最自然、最便捷和最经济的表现形式。

这是设计师在接单时当场为家装客户所做的手绘效果图。在这幅快速手绘表现图中，设计师熟练运用快速徒手画的表现技法，在充分反映了设计构想的平面布置图基础上，表现客厅各个角度的透视效果图。为了说明一些局部细节的处理，还细心地画了局部的大样图。

功率的工具。快速手绘不仅是设计师和家装客户沟通和交流的有效工具，而且，这些快速手绘表现图往往都具有独特的艺术审美价值和感染力。当家装客户看到设计师精彩传神的快速手绘效果图时，不禁会发出由衷的喜悦和兴奋，对自己心目中未来"家"的想像会变得更加清晰和向往，他们往往会因此对设计师提供的设计方案发出强烈的期望，产生一种想尽快拥有它的渴望，从而启动家装客户签单的按钮。

家装设计师在接单时往往需要当场做出富有感染力的手绘效果图。因此，怎样提高快速手绘表现的"速度"和艺术"感染力"，是我们学习家装快速手绘的目的所在，也是我们学习家装快速手绘的方法和技巧的全部秘诀所在。

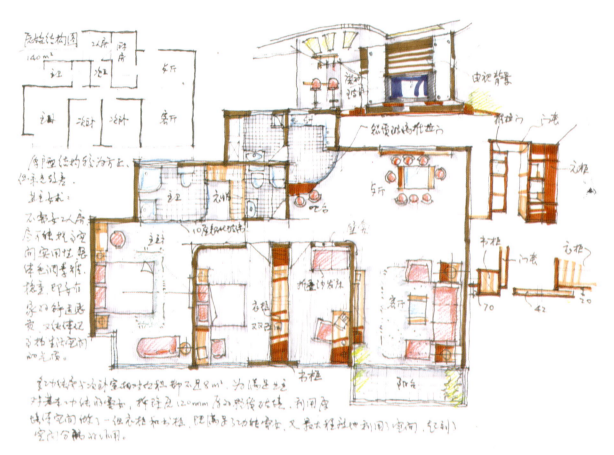

设计师当场为家装客户快速手绘的平面布置图

第一章　怎样学好快速手绘效果图

学好快速手绘效果图的两个法则

1、"快速"和"感染力"是学习的重点

我们知道，在家装设计师接单过程中，第一次接待家装客户时，设计师往往需要在很短的时间内取得家装客户的信任。因此，设计师能否"快速"地表现出家装客户的装修想法和自己的方案设计意图，以及是否表现得有"感染力"就显得非常重要。

这就需要设计师在动笔时要能很好地跟家装客户沟通，充分地了解家装客户的真实需求；在此基础上，认真研究家装客户新居的空间格局和空间尺度，发现并找出家装客户存在的家装问题，迅速提出解决问题的初步意见和解决方法，并归纳整理出具有一定建设性和艺术风格特点的设计构想和设计意图；然后，再选择快速手绘的艺术形式表现出来。

快速手绘表现实例1-2

这些快速手绘表现图往往都具有独特的艺术审美价值和感染力。当家装客户看到设计师精彩传神的快速手绘效果图时，不禁会发出由衷的喜悦和兴奋，对自己心目中未来"家"的想像会变得更加清晰和向往，他们往往会因此对设计师提供的设计方案发出强烈的期望，产生一种想尽快拥有它的渴望。

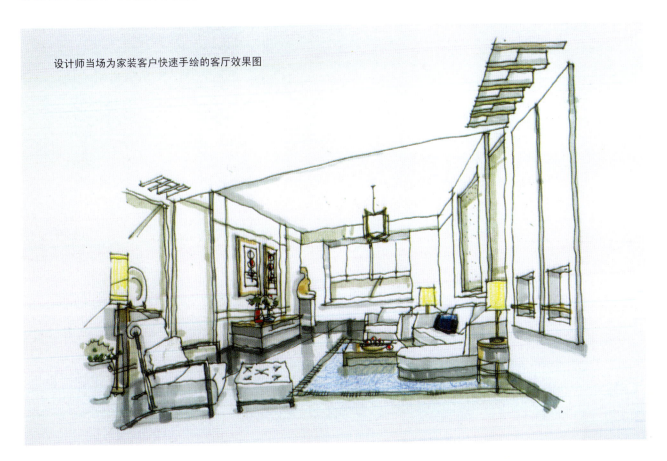

设计师当场为家装客户快速手绘的客厅效果图

第一章　　　　　　　　　　　　　怎样学好快速手绘效果图

家装快速手绘不是普通的绘画作品，它是设计师表达设计构思和设计意图的工具。因此，设计师在作画时不必像普通绘画作品那样追求形式的完整，只要能达到设计师的表达目的就可以了。在表达的内容上，该突出的突出，该概括的概括；在表达的形式上也可以不拘一格，平面图、立面图、透视图，都是可以采用的形式；在使用的工具和材料上，只要能达到快速、简便、有效的表现目的，什么都可以用。

总之，设计师在运用快速手绘接单时，无论采取怎样的手段表达，有一点是要注意的，那就是**一定要能充分而有力地反映出家装设计师的方案设计意图**。

2、处理好艺术性与科学性、真实性的关系

除了要表达好设计意图，设计师还要注意处理好家装快速手绘在艺术性方面与科学性、真实性的关系。家装快速手

快速手绘表现实例1-3

快速手绘一定要设法充分而有力地反映出家装设计师的方案设计意图。

这是设计师在接单时为家装客户所做的手绘效果图。设计师用平面图、剖视图及透视效果图充分表现了三层空间的关系及门厅和细部的处理手法。为了进一步清楚地表现，还在图纸上面表现了一些细部节点样式和做法。

设计师很好地把握了家装快速徒手画表现图中艺术性与科学性、真实性的关系，实为初学者学习快速徒手画表现的范本。

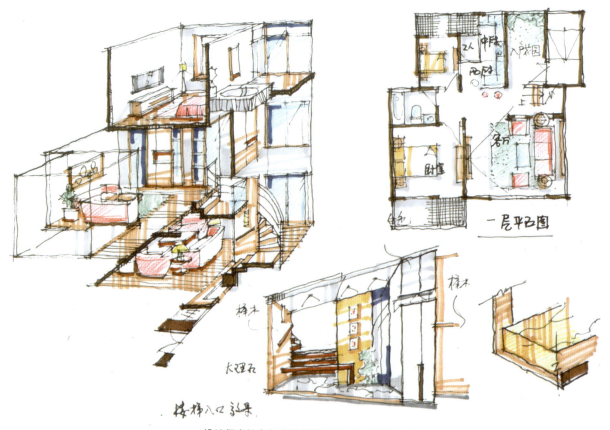

设计师当场为家装客户快速手绘的顶棚平面布置图

第一章　怎样学好快速手绘效果图

绘既要能充分反映出家装设计方案在施工技术和材料工艺上的真实性和科学性，又要反映出家装设计方案的艺术性和感染力。也就是说，家装快速手绘除了能充分说明设计师的方案设计构想，同时还要具有一定的艺术感染力。

比如，快速手绘效果图的透视运用。家装室内设计师要在做好设计方案和完成平、立面等二维图的基础上，科学地运用透视原理，将室内三维的视觉效果准确真实地表现出来。因此，严谨的透视运用是我们在快速手绘表现中最基本的保证。一幅透视关系错误的画面是很难有艺术感染力的。对于初学者来说，绘制快速手绘效果图时，常见的毛病是要么过于拘泥于透视，缩手缩脚；要么就是不重视透视，过于随意。

再比如，快速手绘效果图的画面构图效果。在画面构图中，我们要讲究均衡、对比和统一。要保持画面良好的主从关系，重点要突出，画面中心要明确，从整体上把握好构图关系。对于初学者来说，画面重点不突出，没有主次也是常见的毛病。

主体是书柜，简化植物

主体是植物，简化书柜

快速手绘表现的主次关系

主要表现对象应处理成画面的视觉中心，并加以强化，而次要部分则有意识弱化或简化，形成强弱和主从对比关系。

快速手绘表现实例1-4

设计师为了突出客厅沙发及沙发后的空间关系，大胆地省略了电视背景墙，使画面构图重点更加突出。

设计师当场为家装客户快速手绘的客厅效果图

第一章　　　怎样学好快速手绘效果图

再比如，家装快速手绘表现非常重视室内形体造型的准确、真实，以及室内环境色调和光影的艺术感染力表现。一般来说，家装设计师主要用钢笔或铅笔线条来表现室内物体的造型轮廓，用马克笔或彩色铅笔来表现室内物体的色彩、质感和光影效果。在必要的时候，还可以用立面图或剖面图和文字说明加以补充。

再比如，快速手绘效果图的艺术表现手段。设计师在运用线条表现时，常常在表现造型结构时非常严谨，在表现环境和装饰品时又非常灵活和奔放；在运用色彩表现时，常常会结合线条造型来表现物体的质感、光影和气氛变化，用色非常概括简练，颜色通常不会超过两种，具有很强的装饰性。初学者常见的毛病是线条造型不准确和色彩过于写实。

快速手绘表现实例1-5

设计师在运用线条准确地表现客厅的结构造型后，又充分运用色彩来渲染出客厅温馨和谐的氛围。

注意设计师在手绘时对电视背景墙、墙体、大理石地板以及地毯和织物质感和光影的表现。

设计师为家装客户快速手绘的卧室透视效果图　　　作者　杨　健

第一章　怎样学好快速手绘效果图

学习快速手绘效果图的步骤

学习家装快速徒手画最好先从容易的角度入手，让初学者有充足的时间去观察和描绘对象，培养兴趣和信心。比如，学习之初可以选一些内容简单的设计师接单高手的快速徒手画范本，或者是一些家装室内的照片、图片、幻灯、书籍乃至速写作品来临摹，然后增加一点难度，比如扩展表现的范围，增加一些室内外环境和建筑风景的内容，也可以外出写生等等。总之，要掌握由易到难、循序渐进的学习原则。

1、先大量临摹高手的作品

有个朋友曾对我说，他今年夏天的游泳水平提高得很快，理由很简单，他跟在一个游泳高手后面，模仿他的风格和动作。对于学习徒手画，这也是一个很有用的诀窍。通过临摹别人成熟的作品，你可以感受到他所使用的笔势和用色，并且这种感觉会逐渐在自己的心中形成。开始，对着他的作品一根线一根线地去模仿，非常机械也非常费力。但是，随着你不断画下去，就会发现这样做会变得很容易，也更为轻松了。你开始

先找高手的作品进行临摹

初学快速手绘效果图的人，在下笔前总有一种茫然不知所措的感觉。可以先找一些绘制效果好，图面又不太复杂的范画进行临摹。注意在这一过程中吸收与掌握有价值的技法部分，训练自己的分析能力和动手能力，同时，也是为了逐步掌握绘图工具，以达到熟能生巧的目的。

设计师为家装客户快速手绘的客厅透视效果图　　么冰儒

快速手绘表现实例1-6

这是一个客厅设计方案的快速手绘表现图。左图是快速徒手画表现高手的作品，下页图是快速手绘徒手画初学者临摹的作品。

初学者在临摹时要尽量去体会高手们对于家具、沙发、地面和顶棚墙面表现的笔势和用色。

第一章　怎样学好快速手绘效果图

认识到他的笔势和用色了，并在不知不觉中画出了线条。这时，你与他融为一体，感觉达到一种"最佳状态"。这种感觉在任何一种学习过程中都存在，无论是学打网球还是学习变戏法。要知道任何大师都有临摹的经历，他们也许就会把它作为学画的诀窍。

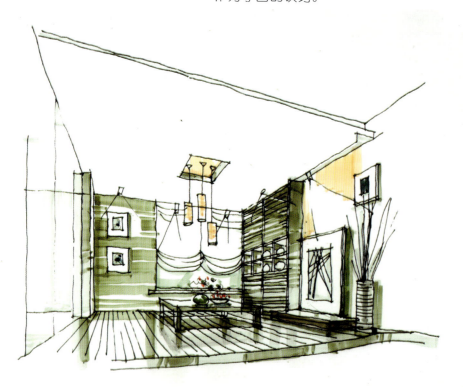

设计师快速手绘的客厅透视效果图　　临摹　王宏伟

2、再经过仿效高手的阶段

临摹之后要做的就是仿效，它是指用别人的笔势和色彩风格来做自己的画。这是一个很有挑战性的练习。首先，通过观察或临摹自己所敬仰的接单高手的作品来熟悉他的笔势和色彩风格。要注意线条的种类有哪些，色彩是如何运用的，作画的工具有哪些，哪些地方要严谨一些，哪些地方要放开一些，等等。

认为他会如何处理每一笔，就如何处理那一笔。在仿效中，暂时忘记"自我"，穿上别人的鞋，由着它做决定。

第一章　　怎样学好快速手绘效果图

设计师为家装客户快速手绘的餐厅透视效果图　　夏克梁

快速手绘表现实例1-7

这是一个客厅设计方案的快速表现图。上图是快速徒手画表现高手的作品，下图是快速徒手画初学者仿效的作品。

初学者在仿效时，要注意高手们是怎样表现各种材料质感和造型的，要尽量使用高手们的笔势和用色来完成一幅自己的作品。

不要担心会失去自我

把自己通过临摹学习的技法和具有参考价值的东西运用在所绘制的效果图中。虽然还残留着别人的痕迹，但这已经是从演习向实战过渡了。

有些设计师担心在临摹和仿效中会失去自我。"我害怕当我画得像别人的时候，我就找不回自己了"。其实，这种担心是多余的。不管怎样，模仿中总有自己的一些东西。

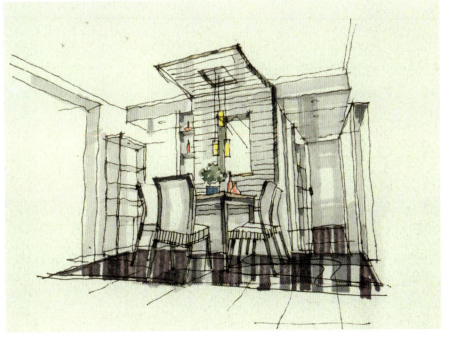

设计师快速手绘的餐厅透视效果图　　临摹　王宏伟

3、最后再尝试自己进行创作

当我们经过临摹和仿效，对于快速徒手画的线条和用色都掌握得比较熟练了，就可以自己尝试进行创作。在这个阶段，我们可以根据某个家装方案的设计意图或作业课题等，进行创意表现。在表现过程中，要注意有效地通过设计构思及绘画技法的运用，把家装设计意图快速、完美地表现出来，这就成

第一章

怎样学好快速手绘效果图

为我们带有个人风格和一定水平的快速手绘效果图。

开始时也许速度并不快，线条和色彩也并不漂亮，但只要多练习，坚持下去就会有收获。只要有信心和耐力，掌握正确的思想和工作方法，持之以恒，长期积累，总有一天会在快速徒手画表现上达到"意到笔到，得心应手"的境界。

由此可见，学习家装快速手绘效果图，也和学习其他艺术一样，有一个由浅入深，由简单到复杂的过程。我们每个年轻设计师在学习的过程中，都希望能够通过自己的努力，用较短的时间掌握快速手绘这门技能。因此，正确而有效的学习方法是非常重要的。

快速手绘表现实例1-8

设计师当场为家装客户快速手绘的客厅透视效果图　　创作　王宏伟

这是一个客厅设计方案的快速手绘表现图。

在图中，设计师着重表现了客厅与餐厅空间。重点刻画了电视背景墙和吊顶的设计等，这些都是该设计方案独特之处，是设计师要刻意表现的地方。

设计师透视和造型准确，线条组织得流畅、疏密得当，用色简洁轻快、活泼现代。但因时间所限，仍有不少需要完善之处。

第一章　怎样学好快速手绘效果图

下面是一些家装设计师接单高手在学习和掌握快速手绘时的经验和体会，供初学者借鉴和参考。

(1) 积极动手练习很重要

学习快速徒手画表现往往有两种倾向：一种人只注重看书，听理论课，而疏于动手；另一种人则忙于埋头作画，不去阅读书本知识，也不善于总结自己和旁人的经验，这都不是高效率的学习方式。快速徒手画表现的理论和实践是紧密结合的统一体，相对而言，其实践能力或者说动手能力又占相当的比重。学习快速徒手画表现的理论必须通过大量的实践才能真正有所理解，有所收获，这是一个与时俱进、相互推动、相互促进的学习研究过程。

在家装设计接单过程中，动手是如此的重要，以至于设计师几乎时时刻刻要和笔、纸等工具打交道，学习快速手绘同样如此。

首先，要有足够的时间做相当数量的快速手绘练习。要舍得下功夫，只有一定数量和时间的积累才能换来质的提高。因此，在安排学习计划时，要有数量上的目标，定时定量地完成速写和表现的作业。同时，要结合快速徒手画表现理论，勤于思考。唯有如此，才能迅速提高快速徒手画表现，否则只能是一句空话。而反复训练，常年不辍，则一定能使我们的快速徒手画水平达到一个新的台阶。

(2) 快速手绘练习时要注意什么

学习快速手绘要抓住快速表现的本质，不为表面现象所困惑。一幅看起来似乎简单的快速徒手画，在家装设计师接单高手手里寥寥数笔，顿时神情俱备；而自己动手画起来却总不如意，原因何在？一个简单的形体，将它们表现在图上时往往只有几根线条，但是一笔一划之间却包含着诸多的意义：结构、体量比例、透视、光影，等等，相互关系有时候是极其复杂的。家装快速徒手画表现就是追求表现的快捷、高效，其用笔设色都讲究明快、简捷和概略，因此在线条、形态和色彩上都进行了高度的抽象和提炼。初学者往往看不到这一点，他们容易接受一些表面上的东西，简单地模仿线条和色彩。这就是为什么初学者可以很逼真地临摹一幅复杂的表现作品，而表达不出在

要迅速掌握，方法很重要

学习一门技能，总希望能够高效地完成整个学习过程，而所谓的"高效"，指的是在较短的时期内能够熟练地掌握和运用这种技能。家装快速徒手画表现是一种语言，是表达"形"的技能，因此学习表现，犹如学习其他形式的技能一样，需要遵循渐进的原则，有目标、有步骤地制定学习方案。争取在有限的时间内，熟练地掌握表现的基本规则，以便使用手中的工具得心应手地将头脑中的设计构思表达出来，快速、高效地将设计构思传递给家装客户。

理解，而不能简单地模仿

学习家装快速徒手画表现不能简单地停留在依赖某种工具和模仿某种表现形式，而是要学习本质上的东西。例如，深入地学习和研究光影形成的原理和由此产生的色彩关系，如果真的理解了，那么届时使用何种工具、颜料和表现方式，从某种意义上说，都不重要了。因为任何工具、材料和形式都可以表现物体的光影色彩。从理论上说，设计师拿起手头的任意一件工具都可以随心所欲地将自己所要的创意和构思轻松地表达出来，当然，这源于他的理解深度。

学习快速手绘要先易后难

难易程度	表现形式		
易 ↓ 难	简单场景（单件家具陈设）↓ 复杂场景（多件家具陈设、室内环境）	大量临摹（线条和色彩表现图形）↓ 模仿转化（图片转化为表现图）↓ 创作表现（构思的表达）	二维图形（图片、资料）↓ 三维物体（家具陈设徒手画）↓ 三维物体（室内环境）

形式上远远简单得多的设计构思的原因。

（3）怎样安排练习的时间

学习快速徒手画要能保持耐心和信心，集中学习和持之以恒相结合。

学好快速徒手画表现，先要完成一系列基础练习。从人的生理上说，也要做到手、眼、脑之间的相互协调、相互配合，不可能在短时间内一蹴而就。因此，一旦在学习中不顺利，则需要保持一份耐心和信心，坚持不懈，去追求内心的感觉。

集中学习意味着学习时间和内容上的相对集中，一般在校学习的学生都有这样的机会。如果是在职进修的学生，艺术基础较为薄弱，那么集中的学习更是必要的。集中学习的时间总是相对有限的，有幸经过了这种集中式的课程训练，往往仍不足以真正解决问题。这就要依靠下面这两个方面来弥补。

首先，在校的学生可以借助以后的系列设计课程使家装快速表现的技能得到进一步巩固和提高；那些在职学习的学生就可以把在家装公司日常每一次接待家装客户当作一次练习和提高。几乎每一次设计课，每接待一个家装客户都需要快速徒手画表现来表达设计构思，对有心人而言，这都是一次绝好的机会。

除此之外，还应该利用业余时间自学。课前饭后、点滴的时间都能动上几笔，这就是快速表现的好处。随时随地，拈起一张纸、一支笔就可以练功夫。很多徒手画高手之所以成功的诀窍就在于此。

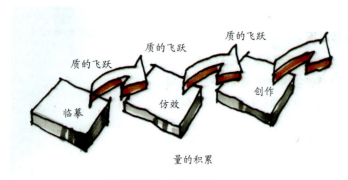

家装快速手绘学习的步骤

多练＋方法＝快速掌握

学习快速徒手画表现一定要有一个从量变到质变的过程，争取在有限的学习时间内完成几次质的飞跃。

第一章　怎样学好快速手绘效果图

造型要从结构素描开始

1、应该尝试画一些结构素描

素描是一切造型艺术的基础。设计师要想迅速提高绘制家装快速手绘效果图的能力，必须具有一定的徒手画造型表现能力。因此，设计师不妨先把素描的基本功打扎实些。

结构素描是从研究物体的空间结构出发，采用透视理论剖析对象，用基本的几何形体进行解析，以线为主要表现手段的素描方法。结构素描最显著的特征就是以线为主描绘物象结构，即"结构线"素描，而结构就是指构成物体的框架。在结构素描中除了结构线以外，明暗、阴影、色彩等要素均降到从属地位。

线是表现形体造型最简单快捷的手段，因此，快速徒手画表现主要是通过线条来进行室内空间环境造型表现的。对于初学者来说，应该先尝试画一些结构素描。

用透视法来观察和作画

结构素描的方法之一就是用透视作画，用它去实际体会三维的构成方法。在运用透视作画时，我们的对象就仿佛是透明的一样。我们把观察到的画出来，把观察不到的也画出来，不仅画出外在的形状，也捕获潜在的结构。这样就产生出立体感和空间中的深度效果。

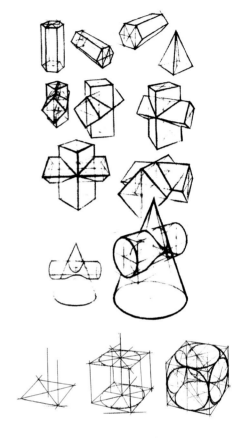

基本几何形体的结构素描练习

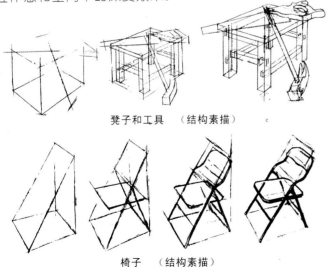

凳子和工具　（结构素描）

椅子　（结构素描）

家具的结构素描练习

可以先从简单的家具练起

我们开始练习时可以着手画一些与室内相关的物体，像家具、陈设品及灯具等。在练习中要注意运用"观察形体、研究结构、确定比例、理解透视、分析光线与明暗、注意虚实与对比"等几个阶段的素描知识和技能。

第一章　　　　　　　　　　　　　　　怎样学好快速手绘效果图

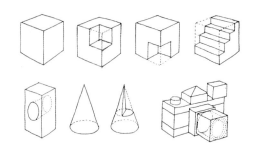

要有意识的将对象解构为抽象的基本几何形体

2、准确地抓住对象的几何特征

要准确地抓住对象的特征，首先要理解对象。无论客观对象是多么复杂，都可以归纳并体现在基本的几何形体之中。所以我们可以利用基本几何形体去解构物象，去简化形体。不要被对象的表面形态所迷惑，要抓住其本质，要有意识地将对象的局部形体解构为抽象的球体、圆锥体、圆柱体和立方体等基本几何形体。

结构素描要求利用所学的透视知识、几何知识对形体结构进行理性的解剖和分析。设计师进行结构素描的练习，侧重于对形体空间结构的理解，方法是从感性出发，重点还要落实到理性的概括。可以先从外形轮廓入手，寻找与外形、体面有关的内在结构线，在反复的比较与分析之中用结构线去确立和塑造三维空间中的立体形态。

用"透视法"画杯子和椅子

所有的物体都可以分解成4种基本形状：球体、立方体、圆柱体和圆锥体。在透视作画时，只要更进一步，把分解出来的形状当作是玻璃制成的就行了。例如：

（1）画杯子

咖啡杯的形状图

使用"透视作画"的咖啡杯图

（2）画椅子

① 这幅椅子形状图表现出椅子的特征，却没有表现出正确的结构。

② 使用"透视作画"产生出来的简单立方体，可以使椅子有空间感。

③ 座位与椅子腿之间的空间包含着一个简单的立方体。这样椅子就摆放稳当了。

凭想像画不同视点下的形体

先写生后默写，再凭想像结合透视规律去画出在不同视点下的形体。这是一个非常必要的训练，这样做的目的是为了以后搞创作。对于设计师来说，非常重要。如图所示，根据已知图片沙发样式，解剖其结构后，旋转角度或改变视点重新塑造出不同角度的沙发形象。

凭想像画出在不同视点下的沙发

第一章　怎样学好快速手绘效果图

快速手绘表现实例 1-9

结构素描为快速手绘打下基础

结构素描能帮助我们正确地理解结构、透视和造型三者的关系，培养我们准确表达形体的徒手画能力、观察分析能力以及空间形态变化的想像能力，为今后的家装设计及快速徒手画表现打下基础。

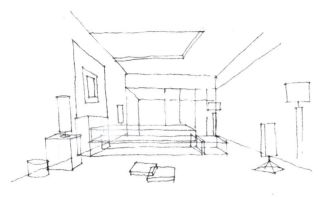

第一步：

先用结构素描的方法画出室内空间和物体的大致轮廓和透视关系。

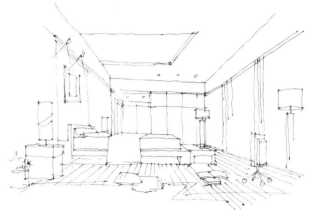

第二步：

进一步用线条来完善室内空间关系和物体造型。

第三步：

根据线条所表现的空间造型关系来上色，表现出色彩质感、明暗光影关系，以及色调气氛。

快速手绘客厅透视效果图

第一章　怎样学好快速手绘效果图

3、改变以前作画的种种坏习惯，培养好习惯

绘画艺术是一种手、眼与脑之间神奇协作的行为。每个部位都要经过训练并养成习惯。对许多初学者来说，要在快速徒手画方面有所提高，就得改变以前作画的坏习惯，培养好习惯。

比如，作画时你脑子里想的是什么？是"顶棚轮廓线总是画得不像"，还是"顶棚轮廓线的凹凸程度要多大"。这二者是有很大区别的。后者是一种实用性的思考习惯。当你在作画过程中养成了这种实用性对话的习惯，就会画得更好。

再比如，作画时你的注意力集中在哪里？是画本身，还是作画对象？当你养成了眼睛主要集中在作画对象，而不是画本身的习惯，你就会画得更好。

以感觉为基础，注意理解

素描的基础训练必须首先培养观察能力，即首先由个人最初的感觉开始，通过理解，逐步提高认识。但是，感觉不可能仅仅通过观察分析便可以画好，必须在实践中通过感觉、理解，逐步深化，不断地、反复地、有意识地去克服一些不正确的观察方法。设计师在设计创作中准确的空间形态造型能力、清晰的透视概念，需要通过结构素描的训练来得到加强和提高。

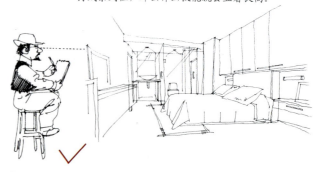

作画时你脑子里想的是什么：是"顶棚轮廓线总是画得不像"，还是"顶棚轮廓线的凹凸程度要多大"？

作画时你的注意力集中在哪里

作画时将注意力集中在对象上，同时扫视画纸以保持线条到位，那么作画技能就会显著提高。

在作画中，普遍存在着这样一种现象，即注意力过多地集中在画纸上，而不在对象上，这样就影响了作画的效果。

如果把思想主要集中在对象上，就会产生实用性对话。它是一种真正发生于你和所画对象间的对话，能提供给你有关形状、角度以及度量的信息，使你得以在纸上将它们表现出来。

再比如，你作画时下笔的顺序怎样？是"观察、记忆、作画"的方法吗？

正确的方法是：首先观察对象，记下轮廓或形状；在脑海中将那个轮廓或形状保留片刻，然后在还有很深记忆时把它画下来。这就是"盲画"的方法，对初学者学习非常有效。

第一章　　　　　　　　　　　怎样学好快速手绘效果图

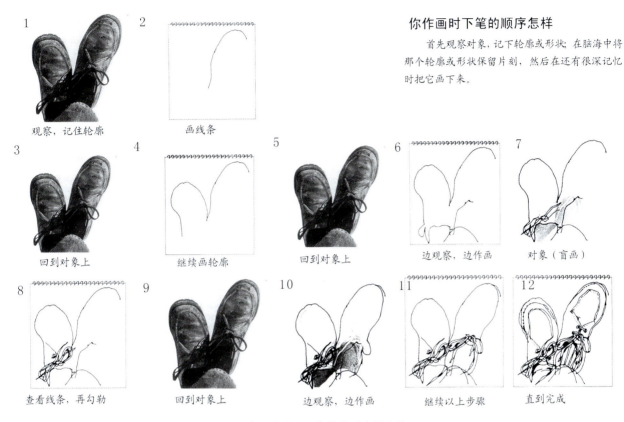

你作画时下笔的顺序怎样

首先观察对象，记下轮廓或形状；在脑海中将那个轮廓或形状保留片刻，然后在还有很深记忆时把它画下来。

正确的作画方法——有效的"盲画"法

再比如，在你作画时，如果其中一些轮廓需要改正或调整，你如何处理？你是擦掉这些线条，还是把它们保留在那儿，并不擦掉，而在边上画出更为准确的线条。这就是"叠笔"的方法。通过运用"叠笔"，我们看到了作画过程，看到了物体形态的显现，看到了更为精确的轮廓，同样也看到了调整和改正。

快速手绘表现实例1-10

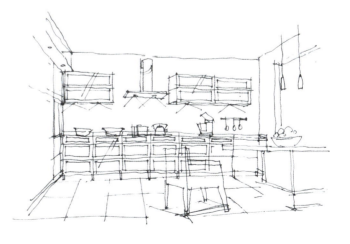

作画时总有一些轮廓需要改正或调整

你作画时，总有一些轮廓需要改正或调整。但你不需擦掉这些线条，而是把它们保留在那儿，只要在边上画出更为准确的线条即可。

设计师当场快速手绘的餐厅透视效果图（线条稿）

第一章   怎样学好快速手绘效果图

设计师当场快速手绘的餐厅透视效果图（完成稿）

先画大形状，再画细部

无论是多么简单的或是多么复杂的对象，都应该贯彻整体表现的要求。"从整体到局部，再从局部到整体"，在任何情况下，局部的表现必须服从整体。这是作画时必须掌握的原则。

比如画墙面，要把墙面和墙上的装饰作为一个整体来看待。首先画出整个墙面外部轮廓，而不是先把墙面上的装饰画完，再去画墙面。作画时也无须过于完美，这样就可以很快把握对象的大小、透视。在此基础上，再进行增加、修改、比较、切割等。

再比如，作画时，你一般先从何处下手？要先画大的形状，再画小的形状。先从观察到的最大形状开始画起，不管其他部分，这也许是一个吊顶的造型，或是电视主墙面，不管是什么，反正就从这里入手。然后再画出次要的、"装饰"性的形状，如图案部分以及笔触部分。

快速手绘表现实例1-11

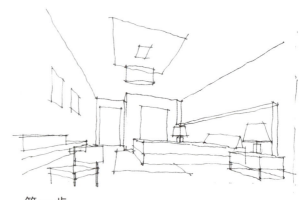

第一步：
先画出室内大的轮廓线、透视空间关系和家具。

-18-

第一章　　　　　　　　　　怎样学好快速手绘效果图

第二步：

再画出室内次要的细部配景及图案。

第三步：

最后用色彩再进一步完善。

设计师快速手绘的卧室透视效果图（完成稿）

第一章　　　　　　　　　　怎样学好快速手绘效果图

提炼概括，艺术地表现对象

素描的基础训练还必须重视艺术概括能力的培养和锻炼。在画的过程中，既要注意深入地分析，又要大胆地综合；既要有取，又要有舍；既要有实，又要有虚。为了突出特征和本质的东西，有时不放过对象某些细部的微妙变化，甚至运用艺术夸张的手法来加强某些特征，减弱或去掉某些可有可无的东西。

再比如，你怎样把华彩用在你要重点表现的地方？在精力用尽之前画出最好的部分，把对象中最重要的部分分离出来重点作画，对其他部分则简单画之，这就是"聚焦法"。这些轻描淡写的部分让家装客户运用他们的想像力去"填充"或是"完成"——这对家装客户会产生很好的效果。

快速手绘表现实例1-12

快速手绘卧室透视效果图

这是设计师接单时为家装客户勾画出卧室的透视效果图。设计师有意"虚化"了相联的卧室床头部分，但却比较细致地刻画了卧室休闲区和与之相联的主墙面。

4、掌握用线表现空间的方法

在家装快速徒手画表现中，室内空间环境的造型是从线条开始的。线是设计快速徒手画表现的最基本词汇，线和线相交产生点，线和线相围产生面，由线到面，线面结合组成了结构关系，它们是视觉空间的韵律、节奏、质感、运动、重量等因素的表现基础。因此，对于以线条描绘为主的快速徒手画表现而言，就无可选择地把线的运用放在首要的位置。

结构素描则更注重于精练的概括和用线造型的能力。不同位置的结构交接线可以表达不同的空间感受和透视变化，所以不要小看结构线，设计师要去探索一种具有空间感的线描表现方法，要学会正确使用结构线来表达空间形体。

学会用线条表现空间和质感

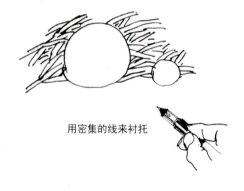

用密集的线来衬托

第一章　　怎样学好快速手绘效果图

快速表现中所指的线并不只是外轮廓线和结构的边缘线，它应该是在直觉的基础之上经过提炼后的抽象的线。是一种反映了形体的结构、运动的方向、空间的布置、节奏的强弱，以及材料的质感等等具有艺术表现力的线。在做表现图的过程中，经常是借助轮廓线、边缘线和结构线来表现物体结构的转折及变化，然后恰如其分地塑造这种变化。

快速徒手画的线看似简单，学好却不容易。线的魅力无穷，线有长短、粗细、轻重、曲直、强弱、虚实等等性格，经过重叠、平行、交叉和反复的搓揉之后产生千变万化的效果。对于设计师而言，能用快速徒手画的形式，将家装设计方案的设计意图通过笔下的线条自然流出，意到笔到，随心所欲，这才是我们的目的。

用线来组织画面，首先要把握住的就是形体准确，形体如果不准确，就是线条再美也没有意义。

同时，还要注意用线来表达空间的三维深度。空间的层次是很丰富的，细线、虚线一般用于表现中景以后的物体，近景则宜用粗实线。远景用线宜疏，近景用线宜密，疏密线条造成画面上黑、白、灰三个层次的对比。安排合理不仅使画面生动有趣，也有助于体现空间层次。另外，用线来组成各个面的调子也不宜过多、过散。

快速徒手画的线条还可以表现物体的质感，柔软的物体用曲线来表示，刚硬平滑的物体用刚挺的直线来表现。粗糙的物体宜用虚线或是笔的侧锋来画，精细的物体宜用细直线来画。另外，线条的抑扬顿挫也是主观情绪的表达，要学会慢慢地培养这种感觉，让线条本身就具有感情色彩。

用虚实的线来产生远近距离

用疏密的线来表现空间远近

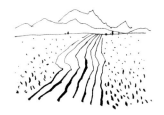

用粗细和强弱的线来表现远近距离

短粗的线　　流畅的线

用两种不同线条表现布料，感觉不同

用线来表现明暗和阴影关系

第一章　　　　　　　　　怎样学好快速手绘效果图

无论挺拔刚劲还是随意自如的线条，下笔之初尽可能做到流畅、肯定，不要"发飘"，这样的线条清晰爽朗，结构明确。这就要求初学者仔细观察设计对象，分析对象，一开始就坚持用连贯的长线条作画，落笔肯定地处理对象的大轮廓和主要结构线。经过一段时间的训练之后，就会养成好的习惯。

快速手绘表现实例1-13

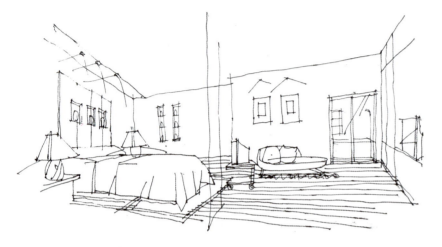

快速手绘卧室徒手画透视效果图（线条稿）

在用线条进行快速徒手画表现时，我们可以利用这些轮廓线、边缘线和结构线的抑扬顿挫、回环曲折、匀整流畅，抓住物体的基本结构和形体特征来生动描绘。

注意图中设计师是怎样利用线条来表现床、家具及木地板、地毯、玻璃等的各种形状和材料质感的。

下面例举了一些线条表现形式、应用和练习的方法。和前面反复强调的一样，希望通过认识和训练线条来协调人的手、眼、脑的配合，并借此机会让使用者和工具材料之间进行磨合。

快速手绘的各种线条基础练习

作为快速手绘基础，结构素描则更注重于精练的概括和用线造型的能力。放弃光影明暗和色彩，用形态线去表达物体内在的生命，是结构素描的一大形式特色。设计师要去探索一种具有空间感的线描表现方法。

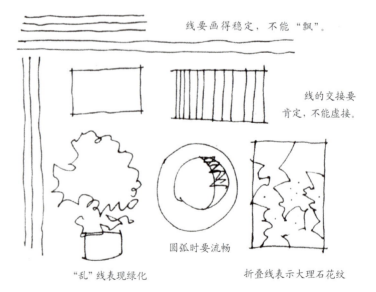

线要画得稳定，不能"飘"。

线的交接要肯定，不能虚接。

"乱"线表现绿化　　圆弧时要流畅　　折叠线表示大理石花纹

快速地画线条

画线是基本功，初学者可以作一些平行的直线、垂线、斜线、圆弧线、回转线，以此锻炼手的灵活性和控制能力。

第一章　　　　　　　　　　　怎样学好快速手绘效果图

自由地画线条

随意画一些线条，无拘无束地画，让思想自由地驰骋，也可以借此描绘出心目中想像的图案。

初学者常见画线问题

初学者一开始就要养成良好的习惯，一开始或许会有难度，但是坚持下去，会少走弯路。

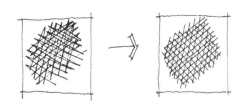

结构素描画线时应将线条连贯画出来且不能带有尾巴，应该一丝不苟地一根一根画。

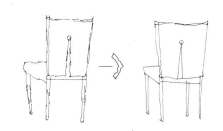

线条要连贯，不要迟疑和犹豫；不要用小段线条来回重复表达一根长线。

临摹地画线条

尝试用线条临摹一些简单的平面图案，考量一下掌控线条的能力，按能力尝试表现各种题材。

练习用线来表现空间感

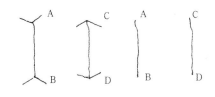

两根线段加上箭头后，变成了具有体积感的三维透视效果。

具有透视效果的线条　　普通线条

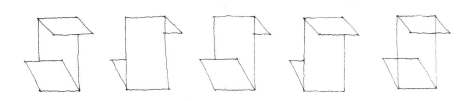

不同的结构交接线可以表达不同的空间感受和透视变化

第一章　怎样学好快速手绘效果图

不要小看结构线，不同的结构交接线可以表达不同的空间感受和透视变化。设计师要学会正确使用结构线来表达空间形体。

   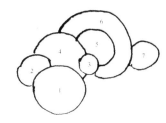

圆与条的对话　　　　　　　　　　　　前后的位置不同

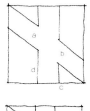 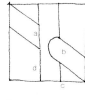

结构线位置不同，产生的空间前后层次不同　　　　　　单个的圆与组合的圆，有联系的圆与有皮肤的圆

室内画凹槽的规律

当我们绘制厨房里的洗菜盆、洗手间里的洗脸盆或其他洞槽时，容易碰到凹槽如何画的问题。其实很简单，一般凹槽外形与其平面外形相同，如图所示。

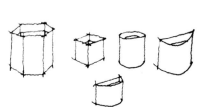

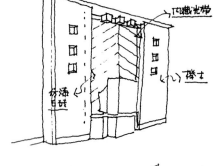

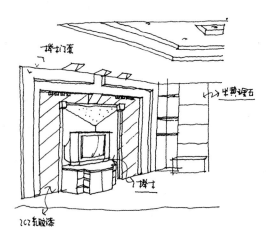

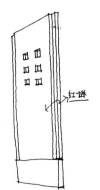 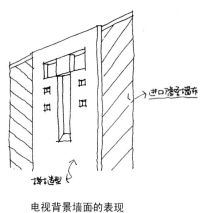

电视背景墙面的表现

第一章　怎样学好快速手绘效果图

用色来表现质感和光影气氛

要想完成一幅好的家装快速手绘效果图，光具备了一定的线条造型能力还不够，在快速手绘效果图中，设计师是用色来表现室内物体的质感和光影效果的。所以，设计师还必须掌握相应的色彩知识。

一幅生动的快速徒手画效果图放在眼前，首先映入眼帘的便是色彩；一幅快速徒手画效果图，色彩的好坏起着决定性的作用。因此，色彩的修养，对于设计师来说，是一个非常重要的课题。

要掌握色彩，必须先研究光。有了光，我们才能感觉到物体和空间的存在，才有了色彩。光的类型、颜色和入射角度对物体的形状和色彩产生最直接的影响；反之，不同的材料、形状的物体对光线照射的反映也是各不相同的。这就是色彩表现的本质，要掌握快速徒手画的色彩表现，首先要从表现光开始。我们只有深刻地领会了这些，我们才能迅速找到色彩表现的方法，才能一下子抓住设计对象的关键部位进行描绘，迅速而又正确地表达出家装设计方案的形式和色彩感觉。

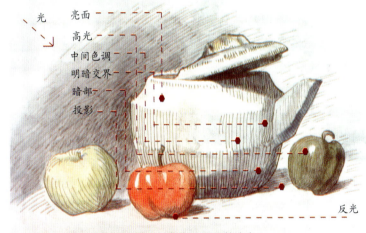

光影对色彩表现的影响（钢笔淡彩）

由于众多因素的影响，自然状态下物体的光影与明暗变化十分复杂。因此，设定一个主光源（在空间诸光源中占主导位置、光线最强的光源），并将此光源设定为平行光束（太阳光为平行光束，还有点光束，如灯泡）。物体在主光源的照射下，由于各个面的受光不一致，产生了或明或暗的变化；而且不仅存在着明暗关系的变化，同时也伴随着色彩的变化。在表现过程中，把确定光照角度，用深浅不同的色调来区别和确定物体的受光面和背光面称之为"分面"。在了解和熟悉光影及明暗变化规律的基础上，需要引导出一些简便易行、概括提炼的表现法则来进行学习。

光影对色彩表现的影响

在光的作用下，不同形状、不同材质都有其相应的变化规律。亮面是光源色和固有色的混合。高光表现为光源色，有时稍含固有色，但光滑明亮的金属、玻璃等的高光则完全失去了固有色。

暗部基本上是环境色与固有色的混合。亮部色偏暖则暗部色偏冷，反之，亦然。

明暗交界线部分的色彩与暗部基本相同，只是稍暗一点，反光部分稍淡。

中间色调处于亮面与暗面之间的一个转折面，主要表现为固有色。

投影的色彩要考虑光源与环境色及投影附着物的固有色的因素。

第一章　怎样学好快速手绘效果图

因此，我们在学习快速徒手画的色彩表现时，首先要注意学习如何运用光影逼真地做出造型。除此之外，还要学习如何使用照明和光的特性来营造和夸大气氛。

1、用光影来帮助线条完善空间造型

首先，我们要看一下物体的固有色在光源和环境色彩的影响下所形成的色彩关系。用光影来帮助造型，找出物体的亮面、暗面、投影和反射光，就可以产生很强的三维感。

光线方向对色彩的影响

光线照射在物体上，会产生阴面和投影。当主光源和物体的位置发生变化时，物体的各个面受光状态和投影也随之变化。通常按主光源入射角的不同，分别归于以下三种状态：

（1）顺光：物体的主要面均受光，虽有强弱和主次的区别，明暗对比不强烈，其表现图的特点是鲜亮、明朗；

（2）侧光：形体的主要面受光，次要面背光——这种光照角度使物体的明暗对比加强，面和面之间的关系清晰肯定，立体感强；

（3）逆光：光线从物体后面或侧后面照射，形体的侧面背光，顶面受光，其特点是明暗对比强烈，光感明显。

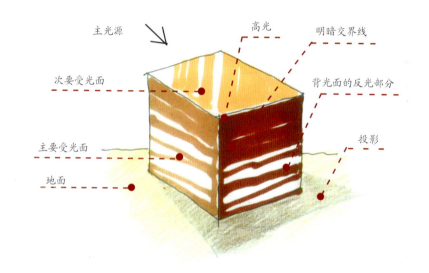

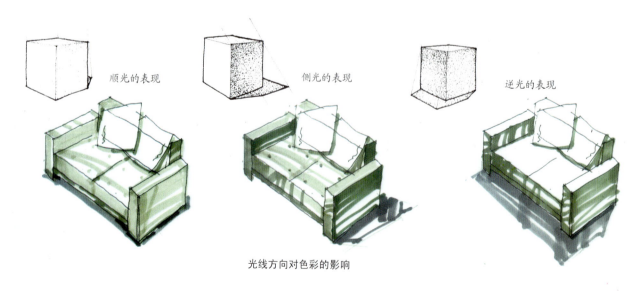

光线方向对色彩的影响

第一章　　怎样学好快速手绘效果图

用退晕来表现物体的光影效果

退晕在表现图中是一个很重要的概念，是指在同一平面（不论是亮面或是暗面），由浅入深或由深到浅的明暗渐变效果。这种明暗色调的均匀变化，是一种比较平缓的渐变。退晕效果对表现物体的体积感、空间感和光感具有十分重要的作用。在快速手绘表现不同材质的物体质感和光影变化时，要善于运用退晕效果加以适当地强调乃至夸张，从而增强其立体感、进深感和空间表现力。

各种形体的色彩退晕画法的练习

第一章　　怎样学好快速手绘效果图

快速手绘实例1-14

不同质感的光影效果是不同的。利用这一点，设计师可以用色彩快速简捷地表现出各种材料质感的光影效果。注意设计师是怎样利用灯光的光影效果来表现室内空间造型的。

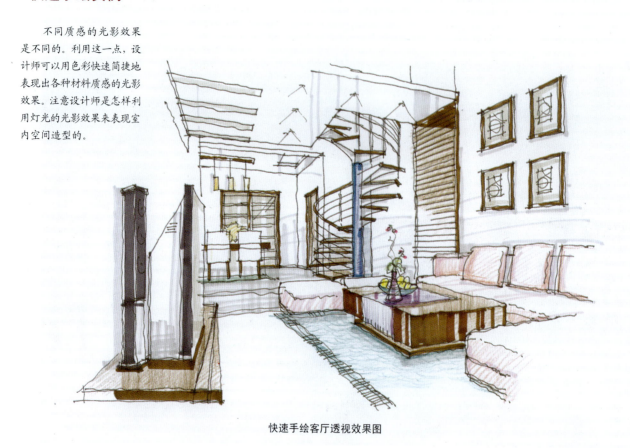

快速手绘客厅透视效果图

这是一个客厅的快速手绘表现作品。整个画面色调给人感觉温馨、舒适。注意作品中设计对象光影的表现，同时要注意用色是怎样结合物体的形状、质感来表现。如图中木地板、墙面、木门以及沙发的表现。

线条是骨架，色彩是皮肤

如果说完美、严谨的线形的描绘是骨架，那么色彩尽可以称之为皮肤。有了色彩，画面往往会更生动，更具生命力、更真实。但要注意的是，快速手绘效果图不同于现实的室内环境，不必考虑太多的色彩关系和色相变化，设计师只要适当地用颜色，来达到对家装客户的视觉刺激和信息传递就够了。

2、营造和夸大空间气氛

作为设计师，我们都希望家装客户能从徒手画效果图中感受到我们的设计意图。为了达到这个目的，我们要学会通过重现对象的光感、深度以及表面来刺激家装客户的感观。让家装客户知道自己在看一幅画，但同时又能感受到实际对象的存在。

科学家和哲学家们的工作是驱除幻影，而设计师要做的却是制造、保持幻影。在所有的幻影中，对光的重塑是最吸引人的。因为我们的感官和情感体验无处不感到光的影响。光也是意识的隐喻，我们有"阳光灿烂"（意思是"心情很好"）

第一章　　怎样学好快速手绘效果图

快速手绘实例1-15

在快速徒手画技法中，用色的装饰性很强，不必满铺，设计师用色一般都在物体的阴影和反光处，只要在关键部位用色来表现出设计对象的形状和质感即可。

比如，木地板或大理石地面，一般只要在物体阴影处表现出物体的落影和反光效果就可以了。再比如，木地板、墙面、床、电视柜等的色彩表现，只是在背光面表现出色彩的感觉即可。

快速手绘休闲室透视效果图　　作者　杨健

的感觉，我们也有"心灰意懒"（心情很"黑暗"）等等诸如此类的比喻。

设计师要善于运用照明和光的特性来营造和夸大气氛。光的性质对氛围会产生强烈的效果，能够牵动人的情绪。在某些条件下的光可能会触发那些过于细微而无法用言语表达的记忆。因此，在家装快速徒手画表现时，我们会用特殊的光影来渲染气氛；有时，我们又会用投影来渲染气氛。比如，要让画面更吸引人，更打动人，就要使用特殊效果的光，勾画特殊的投影，或是在重要部分的暗处投上光。

除了光影，在快速徒手画表现图中，也许色调是最能影响和表现快速徒手画所要传达出的气氛的。所谓色调就是指画面色彩总的倾向和整体效果，也就是给人的一种总的印象和感觉。就像一首乐曲有一个主旋律一样，快速徒手画一定要有色调。这个调子，或者欢快明朗，或者稳重大方，或者雍容华贵，等等。

构成色调的因素有四个方面

（1）从色相的角度去分析，如以红色为主的调子，以绿色为主的调子（如实例1-16）；

（2）从色性的角度去分析，如以冷色为主的调子，以暖色为主的调子等（如实例1-17）；

（3）从彩度的角度分析色调（指色彩的饱和程度），如强调、弱调和中间调等（如实例1-18）；

（4）从色彩的明度去分析，如色彩的暗调、亮调和中间调等（如实例1-19）。

但把握色调不能靠死记住几个公式就可解决的，正确的方法是要把握好它的原理和形成的规律。

第一章　　怎样学好快速手绘效果图

快速手绘实例1-16

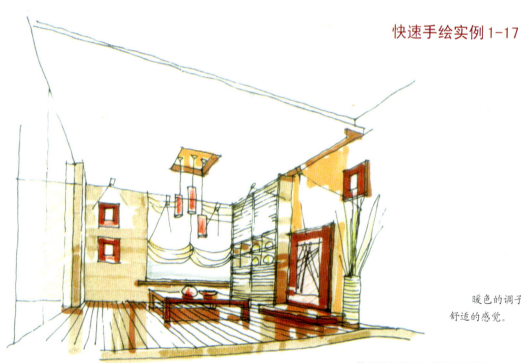

这种单一颜色的调子有些类似素描，比较容易掌握，但容易单调。

快速手绘休闲室透视效果图（绿色的调子）

快速手绘实例1-17

暖色的调子给人一种温馨、舒适的感觉。

快速手绘休闲室透视效果图（暖调子）

第一章　　　　怎样学好快速手绘效果图

快速手绘实例1-18

对比的色调给人的印象比较强烈、充满动感；但要掌握搭配的技巧才可以用好。

快速手绘休闲室透视效果图（对比色的调子）

快速手绘实例1-19

高色度的色调给人的印象比较强烈、现代感较强，但掌握不好容易过火、俗气。

快速手绘休闲室透视效果图（高彩度的调子）

第一章　怎样学好快速手绘效果图

如快速手绘实例1-20

装饰性的用色方法，一般很少用色超过两种

快速手绘实例1-21

在快速徒手画表现时，色调的控制很重要。这是一种装饰性的用色方法，一般很少用色超过两种，最多三种，如实例1-20。

一般来说，在绘画时，形成色彩调子的方法基本上有两种：

其一是使画面的大部分面积采用一种倾向的基本色相，即由画面上占主导地位的色块来形成调子。通常都选择一种颜色作为主要色（如实例1-16中的棕色），其余的色要尽可能"靠近"这个颜色，或仅仅是在深浅上有所变化就可以了。

其二，每一块用色都不同程度地掺入该基本色相，使之形成相对和谐的调子。选用有颜色

快速手绘厨房透视效果图

第一章　怎样学好快速手绘效果图

的色纸（如实例1-21和1-22中灰绿色的纸）来作画，也是一个控制色调的好方法。

对于对比强烈的色彩，特别是鲜艳的颜色，使用时尤其要注意。首先面积要小，要注意和基调色的关系以及画面整体的关系。一般是到最后才画，或者对比调和，或者近似调和（如下图实例1-23）。

用色时要注意两个方面

一是色调是建立在关系的基础之上的，也就是说，一个色调是在与其他色调作比较中才表现出来的；二是要注意物体的本色调，比如红苹果就比黄柚子来得暗些，白色的床单的阴影看起来无论多么暗，也一定比深色家具浅得多。

快速手绘实例1-23

快速手绘实例1-22

快速手绘客厅透视效果图　（利用灰色的色纸）

快速手绘卧室透视效果图　（对比色调显得轻巧明快）

第一章　怎样学好快速手绘效果图

练就一双判断精确的眼睛

在我们学习快速手绘表现时，常常会遇到透视和比例把握不准这样的问题，不是把地板画歪了，就是沙发看起来太大。这都是因为我们还没有具备一双精确判断的眼睛。

所有具备天赋的徒手画高手都有一个共性，那就是都有一双判断精确的眼睛。实际上，在成为快速徒手画高手的过程中，**画精确透视和比例是最能通过练习和训练提高的**。

设计师在训练和练习快速徒手画透视和比例时，应注意以下几点：

1、表现室内物体三维空间的四种方法

在快速手绘家装效果图时，常常需要表现室内三维效果，也就是室内的深度。很多设计师在快速手绘时画面总是显得很呆板，没有立体感和空间感，画不出空间前后的层次和透视感。要画出室内的立体空间感，一般来说，有四种常用的方法。

一是重叠形式——当两个形状重叠在一起时，眼睛看到的是一个形状在另一个后面，这样就产生了三维。

二是缩小尺寸——同样大小的物体如果距离拉远了，就会显得更小一些。

三是聚集线条——像木地板线、顶角线、地脚线等这样的平行线，在伸向远方到达地平线时会聚集在一起。

四是淡化边缘和对比——越是远处的物体，空气的介入会淡化边缘，减少对比度。

快速手绘实例1-24

①重叠形式

②缩小尺寸

③聚集线条

④淡化边缘和对比

第一章　怎样学好快速手绘效果图

这四种方法，不仅是观察空间的方法，也是画空间的诀窍。巧妙地强调每一种特征就可以加深画面的空间效果，增强家装客户的体验。为了达到这样的目的，我们也应该在必要时夸大，甚至制造这种空间深度的效果。

2、只要能画出观察到的透视感觉即可

在快速手绘家装效果图时，遇到需要表现室内透视感时，很多初学的设计师往往会感到困难。不是墙画歪了，就是梁画斜了。有时我们观察到横梁是倾斜的，可是当我们作画时，却仍然犹豫，认为按常识横梁应该是水平的。

透视原理能帮助我们正确地画出自然界的一切景象和物象。在家装室内效果图中掌握和运用好透视规律，画面便具有真实感和空间感。一幅效果图的成败与透视方法和透视角度的选择运用有很大关系。

线条透视是画三维空间的一种正规的方法，特别是像家装室内设计这样有平行线的地方。一方面，它是一套严格的规则，要求进行精确的计算，使用机械作图的工具。而在另一方面，它也有助于我们掌握观察和绘画原理。对于家装设计师来说，对透视的原则作基本的了解，就足以有效地运用它了。因为对大多数快速手绘高手来说，基本的了解加上敏锐的观察就足够了。

让我们做一个练习：花一些时间观察房间的一角。径直往外望去，好像要看穿墙壁，一直望到地平线上一样。想像面前浮动着一条水平线，它直直切过房间的一角。这就是眼睛水平线或地平线——这两个词汇可以互换。

要注意的是，在眼睛水平线以上的所有水平线，比如窗楣、门框顶以及顶角线等，都显得向下倾斜。而在眼睛水平线以下的水平线，比如桌子的边缘、窗台以及地板等，则显得向上倾斜。如果在眼睛水平线上正好有一条水平线，那它就一点也不倾斜。像门窗，以及墙壁上的垂直线条则保持垂

快速手绘实例1-25

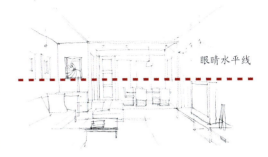

画面上的一切都与眼睛水平线有关系

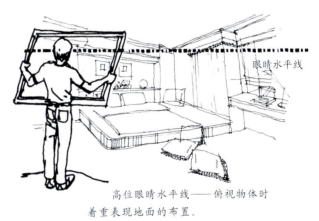

高位眼睛水平线——俯视物体时着重表现地面的布置。

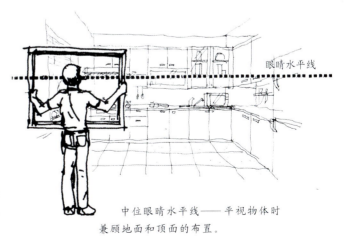

中位眼睛水平线——平视物体时兼顾地面和顶面的布置。

—35—

怎样学好快速手绘效果图

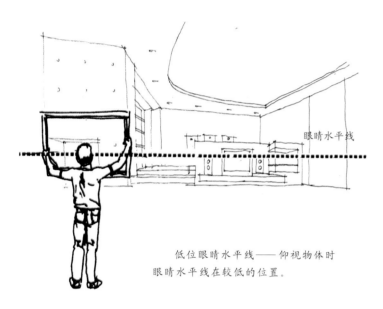

低位眼睛水平线——仰视物体时眼睛水平线在较低的位置。

直,因为线上的每个点与你保持相等的距离。这就是我们观察透视的本质。如实例1-25。

所有朝后延伸的水平线都会在眼睛水平线上的某一点交汇,这就是"灭点"。有了这些点,就可以准确地定出每条向后延伸的水平线的角度。有时眼睛水平线和交汇点会出现在画纸上(如实例1-25一点透视),有时则不会(如实例1-23两点透视),那就只能靠想像来确定位置了。

多做一些练习,就可以在有限的画纸外精确地定出它们的位置和角度,从而更好地作画。

一点透视的特点

这种透视在家装室内效果图中应用最多,也是大家比较容易接受的一种透视方法。一般来讲,一点透视的特点是庄严、稳重,而且有纵深感。能够表现主要立面的正确比例关系,变形较小。

但这种透视画面容易呆板,形成对称构图。所以,一般平行透视的心点稍稍偏离画面中心点1/3~1/4左右为宜。

3、建立正确的室内物体透视方向概念

根据我们观察室内的高度不同,快速手绘常用的透视有一点和两点透视两种透视关系。在画快速徒手画时,我们常用的是一点透视。我们首先要建立起正确的室内物体透视方向的概念。特别是要注意对象与画面平行和垂直方向的轮廓线的透视方向,它们的指向和灭点一定不能错,否则画面看上去就不舒服了。

一点透视的室内所有与画面进深方向平行的线都指向同一个灭点,并交于这一点,原来水平的仍保持水平,原来垂直的仍保持垂直。如下图所示。

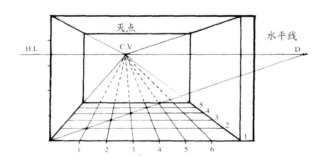 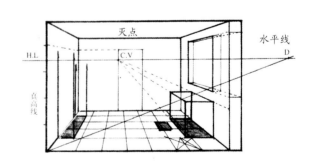

一点透视的灭点和水平线

第一章　　　　　　　　　　　　　　怎样学好快速手绘效果图

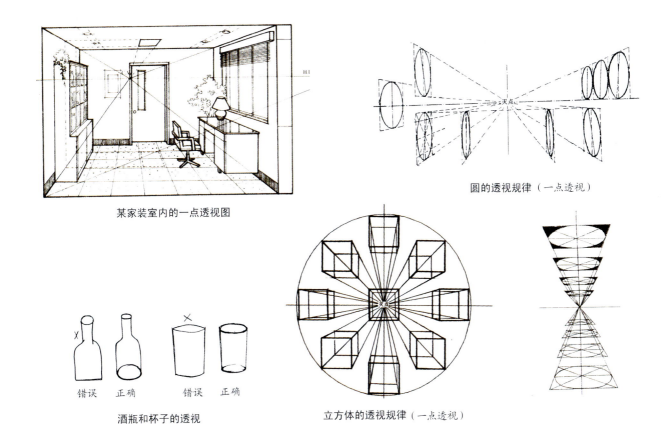

某家装室内的一点透视图

圆的透视规律（一点透视）

酒瓶和杯子的透视

立方体的透视规律（一点透视）

在进行快速手绘练习时，理解并记住这些常见物体几何体形状的透视规律对画透视图很有帮助，初学者应该牢牢记住并时常练习。

快速手绘实例1-26

第一步：

作画时先要确定你所站立的位置及视点方向和高低，这样就确定好了水平线和灭点位置。

这里设计师的视点选择的是对称正中心的位置，视点也是正常高度。

第二步：

画出透视草稿图，不必太在意细节，主要是研究视点角度、高度和位置是否合适，注意透视的方向要感觉正确。

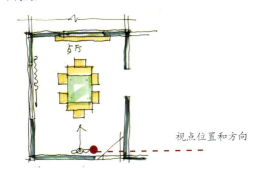

先快速手绘平面图，确定视点位置和方向

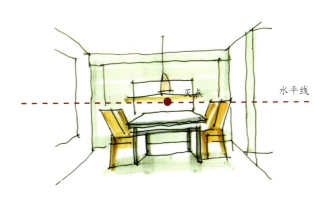

快速手绘透视图小稿（一点透视图）

第一章　　怎样学好快速手绘效果图

第三步：

根据透视小稿，用线条画出透视效果图线条稿，注意透视的方向感觉要正确，如果哪一笔有错误也不必擦掉，可以用"叠笔"的画法在旁边重新画一条。

这种视点所产生的透视效果，初学者应当记住其一般规律，并多做练习。

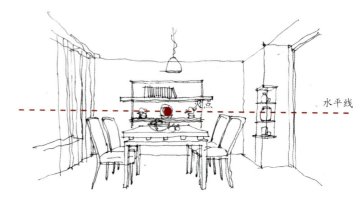

快速手绘餐厅透视效果图线条稿（一点透视图）

第四步：

根据透视线条稿，给透视效果图用马克笔上色，如下图所示。

应该强调的是，在快乐家装设计接单中，家装设计表现效果图的目的一是为了设计师研究设计方案，二是跟家装业主交流沟通，从而征服客户。因此，在家装透视效果图中，表现设计创意和艺术感染力应该占主导地位，而透视的精确性只能占到辅助地位，尤其是在家装方案设计阶段。

快速手绘餐厅透视效果图完成稿（一点透视图）

第一章　　　　　　　　　　　　　怎样学好快速手绘效果图

快速手绘实例1-27

先快速手绘平面图，确定视点位置和方向

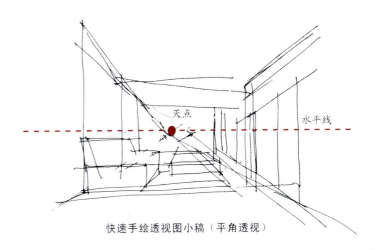

快速手绘透视图小稿（平角透视）

第一步：

作画时先要确定你所站立的位置及视点方向和高低，这样就确定好了水平线和灭点位置。

这里设计师的视点选择的是稍微偏向对称正中心的位置，视点也选得比较低，这样可以多表现一些电视背景墙立面，画面避免呆板，有一些变化。

第二步：

画出透视草稿图，不必太在意细节，主要是研究视点角度、高度和位置是否合适，注意透视的方向要感觉正确。注意应用"叠笔"的画法。

快速手绘客厅透视效果图线条稿（平角透视）

第三步：

根据透视小稿，用线条画出透视效果图线条稿，这种透视介于一点透视和两点透视之间，避免了一点透视呆板的特点，同时也可以表现出三个墙面，而不像两点透视那样只能表现两个墙面，因此也叫平角透视，是设计师比较常用的方法。

注意透视的方向感觉要正确，如果哪一笔有错误也不必擦掉，可以用"叠笔"的画法在旁边重新画一条。

第一章　怎样学好快速手绘效果图

快速手绘客厅透视效果图完成稿（平角透视）

第四步：

根据透视线条稿，给透视效果图用马克笔上色，如上图所示。

这也是常用的客厅表现透视角度，初学者最好熟练掌握好，经常练习。

两点透视的特点

这种透视图画起来稍微复杂一些，因为它有左右两个灭点，如果图幅大，灭点找起来会比较麻烦。这种透视多是表现室内一角，它既有立体感、透视感强的特点，又有紧凑、突出重点、随意的效果，适用于一般场景或不是很大的居室。优点是很少有呆板感，景物看起来真实、自然。它的缺点是如果角度掌握不好，会有一定的变形。

在快速手绘表达时还有一种透视方法，那就是两点透视。这种透视的特点是：室内原来垂直的线仍保持垂直，室内的两组平行线分别消失于画面的左右两侧，如下图所示。

在进行快速徒手画练习时，理解并记住这些透视规律对画透视图很有帮助。

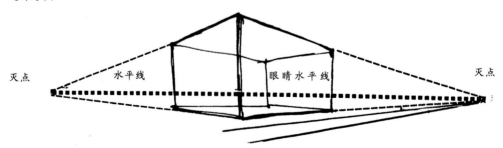

两点透视的灭点和水平线

第一章　怎样学好快速手绘效果图

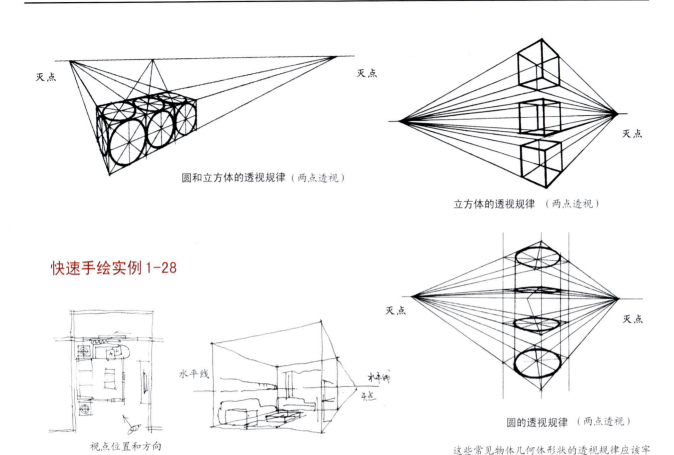

灭点　灭点
圆和立方体的透视规律（两点透视）

灭点
立方体的透视规律（两点透视）

快速手绘实例1-28

（1）先确定视点位置方向　视点位置和方向

（2）快速手绘透视图小稿　水平线

灭点　灭点
圆的透视规律（两点透视）

这些常见物体几何体形状的透视规律应该牢牢记住并时常练习。

（3）快速手绘客厅透视效果图完成稿（两点透视）

第一章　怎样学好快速手绘效果图

掌握这种快速的透视画法

在快速手绘表现常用的一点透视图中，宽度方向和高度方向的尺寸比较容易画出，但进深方向的尺寸则要根据目测画出。这就要用到矩形的分割和增值法。矩形网格就是为了把握透视图的进深，这是非常实用的技能，所以要熟练地掌握。

请不要忘记，在大多数情况下，我们使用的是目测作画，在简单勾勒出一些线条后再做测量。先随意地将大体勾勒出来，要比画每一根线条都仔细测量来得容易。用眼睛测量，用透视检查，这些都是使用叠笔和进行修正的基础。

4、以形体透视来确定物体位置和大小

在快速手绘效果图时，要想准确绘制室内造型，最主要的是确定室内物体的位置和大小。这主要是要掌握好物体的准确透视和大小比例两个要素。那么，在快速手绘中，我们是怎样确定位置和大小呢？

先说透视。在快速手绘中，我们常常用形体来定室内物体的透视。

如果我们用一点透视观察室内，我们会发现，其实室内物体都是一些几何形体的组合；而且，透视图虽说是三维的，有三个方向，但其实只有两个变量，即竖向轴方向保持不变，只有横向和进深两个方向体现透视变量。因此，我们可以利用这个特点，用形体来定家装室内透视。用一定视点下的形体作为透视单元扩展或组合，我们只要抓住两个轴向的变化特点，将此形体确定为尺度基准单位，以基本形体向外及两侧发展，其他连续的单元体同基准形体尺寸成一定的比例，就可以不断地去绘制并完善你的室内透视图。

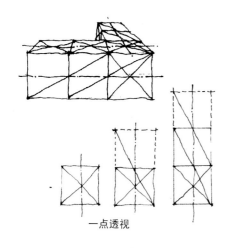

一点透视

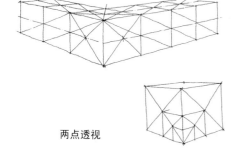

两点透视

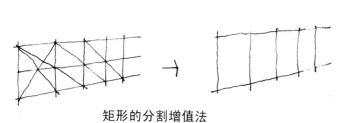

矩形的分割增值法

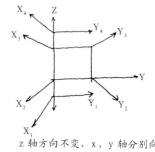

z轴方向不变，x、y轴分别向透视点集中。

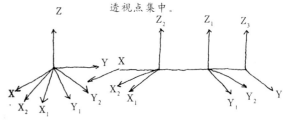

z轴方向不变，x、y　　z轴方向不变，x、y轴以
轴以心点向外发散。　　透视点发散。

一点透视的透视轴线方向

第一章　　　　　　　　　怎样学好快速手绘效果图

室内地面拼花的快速画法

已知一组音响的尺寸图，图中的尺寸有时不会如此凑巧，需要把它们简化，保证主要的、大的关系。

（1）作正方形：在0-3线上量出1-2的长度，在看上去像正方形的位置画L1线（从斜向看正方形，看上去是梯形）。说到底，是凭"感觉"画L1线。

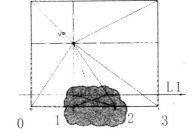

（2）根据正方形增殖法要领来增殖正方形。增殖正方形的个数等于平面图所画的正方形个数。当房间进深感到不自然时，请返回前面步骤，改变L1位置。

同样的方法可以画墙、顶面、家具等。

运用一些几何的关系并且通过简单的操作，就可以轻易地按自己所需要的尺寸和度量把一个平面划分成几块，这样一来大大简化了图中线条的结构复杂性。这些方法简明实用，因此深受设计师的欢迎。

初学者在刚开始学习快速手绘时主要是注意大致比例关系，不需要用求点来达到十分准确，也不需要过于注意准确的细部。

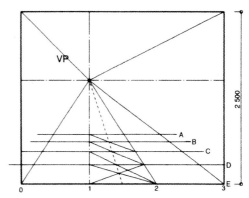

利用透视线快速画音响等室内家具

已知一组音响的尺寸图，图中的尺寸有时不会如此凑巧，需要把它们简化，保证主要的、大的关系，细节部分就要靠手上功夫自由地往上加，下面分布骤作图。

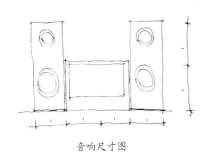

音响尺寸图

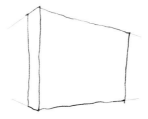

（1）先依照大的尺寸关系建立一个立体。

（2）按尺寸对分和切割的方法分解该立体。

另一个重要因素就是比例。比例就是相互间大小的关系——部分之间的关系，部分与整体间的关系。比例不到位，就会影响人们对快速徒手画其他特征的欣赏，比例如果正确的话，人们几乎不会去注意它——而这正是我们所想要的。

我们可以采用一些辅助的方法来帮助我们掌握比例，如把对象当作一个形状，在中点处分割开来；也可以使用垂直线和水平线。或者使用对比的方法来找到正确恰当的比例，如这部分比那部分长一点、大一些或斜一点等等。

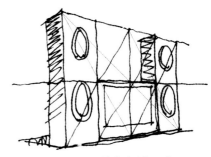

（3）以切割线为依据，绘出组合音响的草图。

第一章

怎样学好快速手绘效果图

不必过于拘泥于透视理论

"传统的透视学是绘画的舵轮和缰绳",在设计表现时,如果过于强调透视的准确性,势必影响大脑的创意功能。如果你始终依赖三角板和直尺画线求透视画效果图,那么你的设计表现能力就难以很快得到提高。设计师最好要做到透视线只凭直觉,而不用常规求法,绝不让你的眼睛被所谓的"透视原理"所束缚。尤其是在目前电脑画图普及的今天(求透视对电脑画图来说根本不是问题),设计师完全没有必要花费太多的时间在效果图透视求点的精确性上,而应该在设计的创意上多下功夫。

快速手绘实例1-29

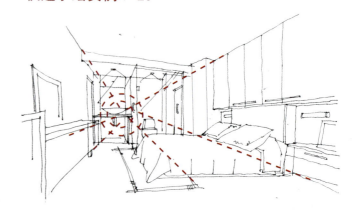

透视线并非一定要交于灭点,只要看起来舒服就行

例如在一点透视中,透视线并非一定要交于灭点,只要求全部射向靶心(灭点)即可——这是以一点透视的灭点为圆心,以某值为半径所作的靶心圆。此圆半径值因人而异,大小没有严格规定,且大到一定程度图像可能会失真,以符合肉眼的视觉习惯为准,只要看起来舒服就行。

值得注意的是,尽管准确表现室内物体的位置和大小很重要,但有时,我们还要时不时地从"精确到位"、"只根据观察作画"中脱离出来,夸大对象中重要的特征。还是要根据观察作画,只是夸张些。是圆的,就画得更圆;是方的,就画得更方。

快速手绘的目的就是要通过效果来打动客户,从而启动签单热钮。这样,手绘效果图画面的艺术感染力就非常重要。我们更多地考虑如何让自己的情感通过手流露出来,而不是考虑怎样才是正确的作画方法。因此,我建议你在自由作画时,偶尔放纵一下,夸张一些。用这种方法,我们勾勒出自己动态的天性。

多做室内速写和照片临摹练习

1、多做室内速写练习

掌握快速手绘一定要多做大量的速写练习。不仅可以提高绘画技巧,还可以捕捉大量的资料信息。同时也是快速表达室内效果最简洁的方法。通过速写的练习,可以培养观察

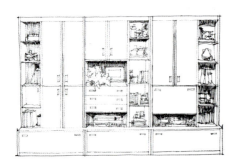

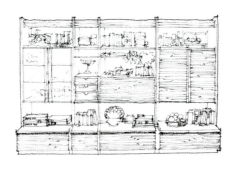

多做一些室内家具实物速写练习

第一章　　　　　　　　　　　　　　　　　　怎样学好快速手绘效果图

能力和概括地用艺术形式表达的能力，同时可以提高思维能力和创作能力。有许多人在搞家装设计时感到艰难，脑子空，原因就是平时积累太少。通过速写，在日积月累中，可以使设计师变得反应敏捷，使家装设计变得顺利起来。

初练速写的设计师可以用铅笔先进行线条的练习，如粗细、长短、曲直、钢柔、虚实等；待得心应手后，再找些资料来（室内与室外、彩色与黑白均可），用铅笔或弯尖钢笔进行临摹。图幅不宜太大，32开左右为宜。待手头有了一些把握后，可以走出户外，面对各种复杂建筑物或一些室内场景进行现场速写。随着速写数量的增多，就会运用自如地去应付各种草图设计了。

沙发和椅子

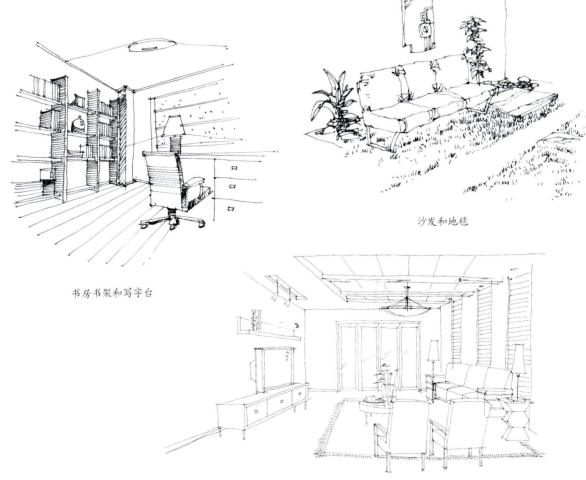

书房书架和写字台

沙发和地毯

客厅沙发和电视柜

第一章　　　怎样学好快速手绘效果图

厨房橱柜及厨具

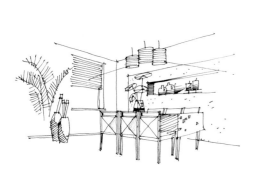

餐厅和餐桌

客厅及沙发

关于速写的表现形式也是多种多样的。开始，可以用软铅笔来画，有涂改余地，而后有意识甩开铅笔，完全用钢笔画。用钢笔画速写的特点是不能随意涂改，迫使自己一定画准、画成功。久而久之，也就功到自然成了。在这种钢笔速写图上，可以少许涂些明暗调子，或者用颜色笔、马克笔辅助画些阴影，也可以用不同的粗细线条来表现。因为单纯用线来组织画面，线条是很重要，也是十分讲究的。

总之，速写练习快速手绘是造型艺术中不可缺少的一门基本功。它可以锻炼我们的观察力与表现力，变抽象构思为形象化的表达方式。

速写练习时主要是线条，因此要注意学习用线来组织画面。首先要把握住的就是形体准确。形体如果不准确，就是线条再美也没有意义；同时，还要注意用线来表达空间。空间的层次是很丰富的：细线、虚线一般用于表现中景以后的物体，近景则宜用粗实线；远景用线宜疏，近景用线宜密，疏密线条造成画面上黑、白、灰三个层次的对比。线条安排合理不仅使画面生动有趣，也有助于体现空间层次。另外，用线来组成各个面的调子也不宜过多过散。

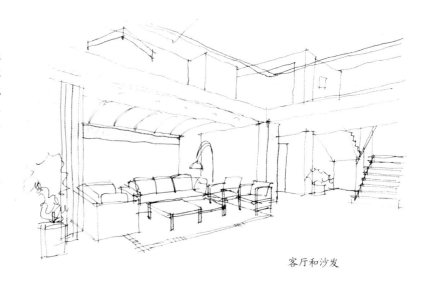

客厅和沙发

第一章　怎样学好快速手绘效果图

作为线条还可以表现物体的质感，柔软的物体用曲线来表示，刚硬平滑的物体用刚挺的直线来表现。粗糙的物体宜用虚线或是笔的侧锋来画，精细的物体宜用细直线来画。

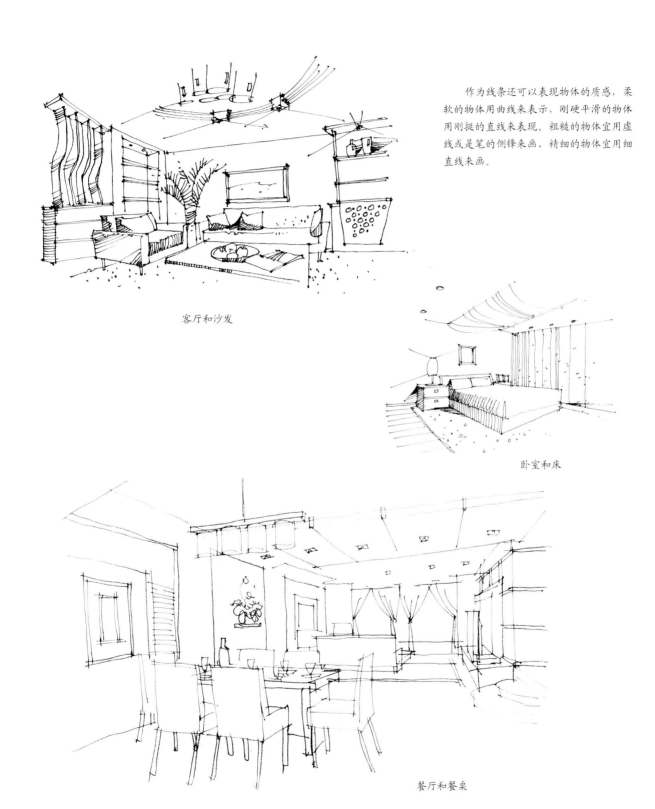

客厅和沙发

卧室和床

餐厅和餐桌

第一章　怎样学好快速手绘效果图

2、多做室内照片临摹练习

在开始接触效果图画法时，不妨找些印刷较好的图片进行一下临摹练习。由于刚从绘画方法上转过来，不仅有一个熟悉工具和材料的过程，还有一个画法上的转变过程。

第一步，可以先画些黑白效果的图，类似黑白画，用铅笔或钢笔都可以。由于有了速写的功底，再临摹的时候就可侧重画面黑白关系的处理以及整体效果的深入刻画。要充分理解室内空间形象、明暗、光影之间的关系，提高控制画面黑白层次的对比。

第二步，找一些印刷质量好的彩色室内与家具方面的资料，进行整体或局部的临摹。在这期间要做到能熟练掌握绘制效果图的各类工具和材料，使自己描绘出的室内及家具形象有别于纯绘画作品。也就是说在这种画上要有取舍、有提炼，能够非常概括，又不失工整细致地描绘出所要表现的对象。当局部临摹练习完了，再找些整体效果的图片来临摹，但不要十分复杂，要易于表现。这样，不仅可以提高绘图者的兴趣，还可以增加临摹的数量。

古典风格的某餐厅原照片

照片临摹（线条稿）

照片临摹（色彩完成稿）

第一章　　　　　　　　　　　　怎样学好快速手绘效果图

　　以上这些，都是为了增加初学者对快速徒手画表现的感性认识，以锻炼自己的表现功底，为日后能独立绘制效果图打下坚实的基础。

现代风格的某餐厅原照片

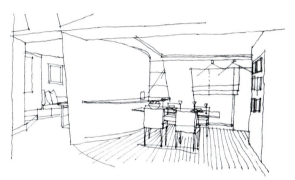

照片临摹（线条稿）

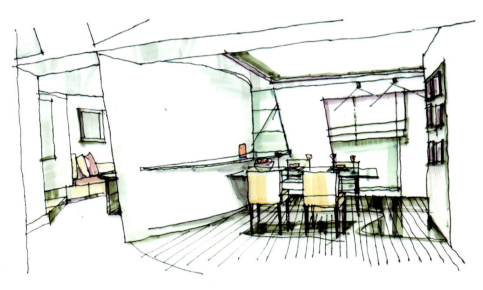

照片临摹（色彩完成稿）

第二章
快速手绘技法训练与实例

学习要点

1、怎样快速表现客厅家具、墙壁和木地板
2、怎样快速表现卫生间和大理石地板
3、怎样快速表现现代风格的空间和家具
4、怎样快速表现布艺、沙发和地毯
5、怎样快速表现门、窗和窗帘
6、怎样快速表现室内灯具和装饰品
7、怎样快速表现室内绿化及陈设品
8、家装整体空间和细部及家具的描绘
9、家装室内徒手画快速表现技巧实例

快速手绘重点在于"快速",速度是第一位的——在速度的基础上追求效果。

快速手绘不是正式的绘画作品,只需表达出设计方案的各项设计意图和特点即可。因此,动作要快,不需画出多余的部分。

从简单的单体循序渐进地入手

学习和掌握快速手绘,实际上要解决的是两个问题:一是造型,重在表现单体或空间的轮廓和材料纹理,这主要用钢笔或铅笔来解决;二是色彩,重在表现单体或空间的颜色、质感和光影变化,这主要是用马克笔或彩色铅笔来解决。这就是我们常说的"钢笔淡彩"。

用马克笔做快速徒手画表达时,一定要突出生动活泼、简洁明快的特点,切忌生硬和死板。要做到这一点,我们在学习或练习过程中,注意钢笔线条造型准确生动的同时,马克笔要注意表现出质感和光影变化的感觉即可,不必过于写实。在表现时要注意运用退晕的方法,不要满铺,注意运笔的方向、笔触和留白。

应该注意的是,我们学习徒手画主要的目的是在家装接单时,能面对家装客户,将家装客户的想像和设计师的设计构想转化为视觉形象,当场按家装客户的装修意愿手绘出满意的设计方案图。因此我们要注意以下几个特点:

①快速徒手画表现要以速度为重点,动作要快,因此重点要突出,不需画出多余的部分。

②说100句话，可能还不如一张快速表现图。用画来沟通，双方更容易了解实际状况。

③快速徒手画不是正式的绘画作品，只需表达出设计方案的各项重点即可。

在学习的速度上，正如我们前面所说，我们要从容易的家庭装修室内单体表现入手，让初学者有充足的时间去观察和描绘对象，培养兴趣和信心。比如，学习之初可以选一些内容简单的样本、照片、图片、幻灯书籍乃至速写作品临摹，然后，再逐渐增加一点难度，比如扩展表现的范围，增加一些室内外环境的内容，也可以外出速写等等；最后，再进行完全的独立创作练习。

在学习的方法上，我们要先掌握各种材质的表现，再掌握室内单体的表现，最后再学习室内的综合表现和接单实战的操作。

室内各种材质的快速表现练习

1、木质材料的表现和画法

在画木材的时候，主要是要区分一下不同品种树木的材质与色泽。

由于木材纹理细腻，又可以染色或漆成各种颜色，所以用在室内当中，可以呈现多种色泽。比如，有较深的核桃木、紫檀木等，也有偏红的红木、柚木等，还有偏黄褐色的樟木、柚木等，偏乳白色的橡木、银杏木等。具体步骤如下：

①首先用钢笔勾画出木材的形状和纹理。切记勾线时用笔要活，粗细、疏密有致。木纹通常在明暗交界的次亮面或中间层次中的表现较为清晰明显，在暗部或受光强的面则表现得隐约与含蓄。有时，只需用线勾勒出木材形状轮廓就可以了。

②依照木材的品种涂刷出底色，并适当地做出一些光影效果及明暗变化。一次不行，可反复一次，但不宜太多，也不必满涂。注意利用退晕效果做出质感和光影变化，可在受光部位留出些眩光（或用涂改液画出），以增加木材的质感效果及漆后的光洁度。

①木茶几的线条表现

②木茶几的色彩表现

木材有非常美丽的木纹，在纵向与截面方向上都有自己不同的纹理特征，如果能适当地刻画，对材质的表现是有益处的。注意学习桌面的反光表现。

第二章　　　　　　　　　　　　　快速手绘技法训练与实例

快速手绘表现实例2-1

退晕，做出电视柜的木质效果，注意区分出受光面和背光面。

留白，做出电视柜的高光效果。

在有物体的地方做出倒影。

留白，做出地板的高光效果。

木家具和地板的快速表现

在给物体赋色时主要是解决各种材质的颜色和质感，木质赋色要注意以下技巧：

①首先要注意分析要表现对象的形体结构，找出受光面和背光面。赋色时要注意结合家具或木地板的形体结构。

②不同木材质的颜色主要是在背光面来表现。如衣柜的背光面、木地板的阴影处等。

③物体的材质主要是用不同材质的光影效果来表现。如衣柜和木地板退晕和高光的不同处理。这种效果有时需要强调和夸张，如木桌的桌面和木地板就必须特别表现其光洁的效果才好看。

衣柜和木地板的手绘表现

快速手绘实例2-2

退晕，做出深色木质颜色及光影变化效果，注意区分受光面和背光面。

退晕，做出浅黄色木质的光影效果。

退晕，做出受光面的光影效果。

背光面

客厅电视背景墙和电视柜的手绘表现

第二章　　快速手绘技法训练与实例

2、石材的表现和画法

在家庭装修中，往往会接触到石材和砖材这一类材料，如地砖或墙面文化石等。这时的线条处理可根据绘画或设计对象的需要，作规律的排列或自由的排列，间或作一些点的处理，具有很形象的表现效果。具体步骤如下：

①首先用钢笔线条勾画出石材的形状和纹理。注意各种石材的纹路和排列的不同，主要在背光处表现，在受光面可以省略或干脆不画。

②按照石材的固有色及受光后应有的光影变化，用马克笔或铅笔画出石材的颜色。注意退晕效果的表现，最好能留出高光与反光（即倒影）。

③因为石材材质硬，光洁度好，大都有强烈的倒影。如画地面，远近还要有色彩变化，近处的倒影比较清晰，愈远愈模糊。画立面墙壁也是如此，颜色及冷暖上都应有所变化。

  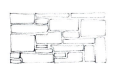
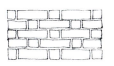  
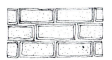  

各种石材的线条表现效果

快速手绘实例 2-3

浅色的大理石，用不规则线表现出大理石的特殊纹理。

深色的大理石具有较强的光影变化。

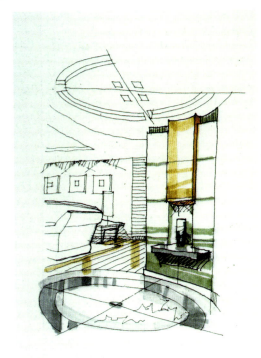

大理石地面的手绘表现

快速手绘实例 2-4

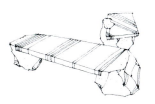

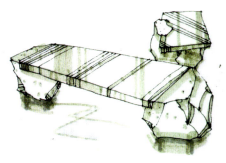

青石材桌子和凳子

第二章　快速手绘技法训练与实例

快速手绘表现实例 2-5

利用退晕表现出受光和背光面，墙面分隔和纹理也要有所表现。

地面用色不必满铺，主要是在背光面来表现出其光影变化即可。

要利用退晕表现出地面远近的距离变化，必要时可适当画出地面大理石的分隔。

客厅大理石地面和电视背景墙面石材的手绘表现

石材和大理石地板的快速表现

在给石材和大理石地板赋色时，要注意用退晕表现出石材的质感以及地面的光影变化和前后距离感。主要应注意以下技巧：

① 首先注意分析要表现对象的形体结构，如石材地面或墙面分隔要划分清楚，赋色时要注意结合墙面或地板的形体结构。

② 石材的用色不必满铺，颜色主要是在背光面来表现。如石材地板上的家具阴影处、石材墙面的背光处等。

③ 石材的材质主要是用光影效果来表现。这种效果有时需要强调和夸张，如卫生洁具和石材地板就要强调表现其光洁的效果才好看。

快速手绘实例 2-6

墙面分隔要划分清楚，利用退晕来表现其光影变化。

地面分隔要划分清楚，用色不必满铺，主要是在背光面来表现。

卫生洁具要强调表现其光洁的效果，注意反光和倒影的表现。

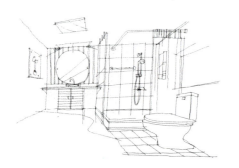

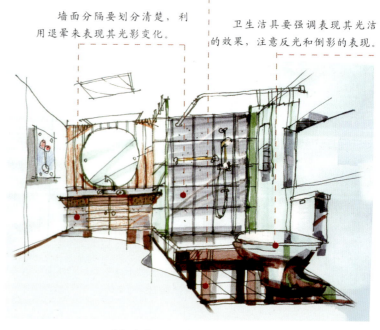

卫生间瓷砖地面和墙面瓷砖的手绘表现

第二章　　快速手绘技法训练与实例

3、纺织品、皮革及地毯的表现

室内纺织品和皮革一般多指沙发面料和床上用品及墙面壁布等，沙发面料及墙面壁布也有用皮革的。绘制织物、皮革等物体的线条不妨用一些抖动线、断续线，以此来表达其柔软感，但柔软不等于破碎，因此线条的钢和柔，连贯和断续要结合起来，适度地体现。当然也可以使用一些简单的图案。

在画这些东西时，用色要视其面料的薄厚来确定画法。如属于厚重织物，像毛料、丝绒等，它的高光轮廓就明显。画的时候，须注意它的转折部位，最好是用中间色过渡，以体现其厚重。如果是薄织物，则应减弱对比，尽量采用湿与薄的画法，使其看上去有透气性。皮革表面光感虽强，但无反光；明暗差别虽大，但还是逐渐过渡。在画的时候，应该把握住这些特点，再根据其具体造型细致地刻画。该重的大胆重，该亮的地方大胆提亮，就能达到预期的效果。

地毯在现代室内设计中的应用愈来愈多，所以，很有必要对其画法进行探讨。地毯的质地大多比较松软，有一定的厚度，在受光后明暗变化并不是很大，而是非常柔和。对它的重点刻画应放在衬托家具或陈设在其下面的落影，深度应适宜。太重了，不像投影，太淡了，又没有份量。再有就是地毯上的图案处理，除了画好其形状与颜色以外，还应特别注意其透视效果。图案不必刻画太细，不要由于花纹的作用而使地毯产生凹凸不平的感觉。此外，在处理地毯边缘时，其阴影也不应过于明确，否则地毯会显得单薄。对于带有绒毛边缘的地毯，可用短笔触、不规则的点画出来。

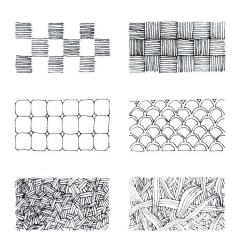

纺织品、地毯的线条表现

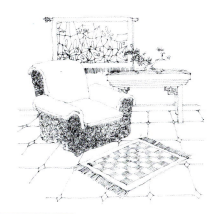

快速手绘实例2-7

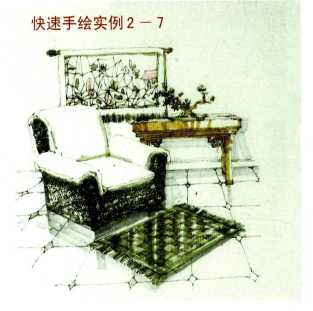

纺织品布艺没有强烈的反光，主要表现出沙发的受光和背光面区别。

地毯的光影变化跟周围的家具环境有关，用笔不要太死，略有倒影变化可显得透明，有空间感。

注意学习木质茶几和布艺挂毯的画法，区别质感表现。

第二章　快速手绘技法训练与实例

快速手绘表现实例 2-8

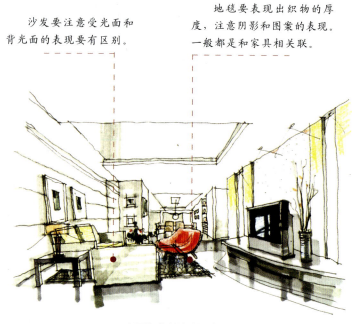

沙发要注意受光面和背光面的表现要有区别。

地毯要表现出织物的厚度，注意阴影和图案的表现。一般都是和家具相关联。

客厅沙发和地毯的手绘表现

沙发和地毯的快速表现

纺织品相对比较柔软，几乎没有反光（反像），但阴影比较沉着。因此作画时要注意用线和用色来表现这种柔软和褶皱感，画出不同布料的质感。

快速手绘表现实例 2-9

窗帘要表现出织物的轻盈感，注意受光面和背光面的转折表现。

床罩要表现出织物的褶皱和厚重感，注意受光面和背光面的表现。

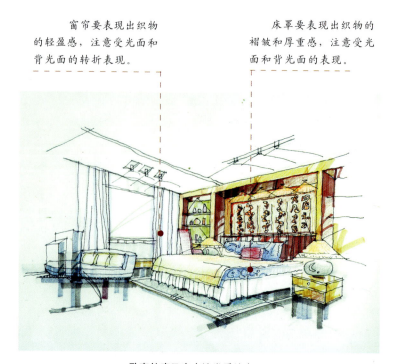

卧室的床及窗帘沙发手绘表现

第二章　快速手绘技法训练与实例

4、不锈钢金属材料与玻璃的质感表现

对于不锈钢来说，一方面坚硬有光泽，而且它的色彩反差也极大。尤其是高光部位更是非常亮，能反映出周围物体的倒影。画的时候，要抓住这种质感上的特点，强调受光面与阴影的明暗差别大和暗部反光也很亮的特点。具体操作时，一般预先留出最亮的高光部位，把其他部分薄薄铺一层中间色调。然后，在此基础上找出最深部分以及较亮的部分，如果遇到圆柱子或弧面形物体。为表现其圆弧度，应该适当地做些眩光笔触，同时，还应该把物体的接口部位处理得光滑坚挺。

玻璃茶几和金属蜡台的手绘表现

玻璃及镜面基本属同一材质，表面都很光滑。只是镜面镀了一层水银的缘故，才能照见人。在表现这类材料的时候，既有共同点，又有不同处。

先说玻璃的画法，有无色透明的，也有带一定的颜色的。不管是画哪种玻璃，都必须强调其光洁挺拔的特性，并且有眩光的效果。透明玻璃的画法一般比较简单，可以先把透过玻璃的物体有虚、有实地画一遍。等干后，在上面薄薄地涂上一层玻璃色（视其玻璃颜色而定，如绿色）一定要画得薄，而且用笔还需轻，为的是让玻璃后面的东西别太明显。然后，在关键部位画出高光线。玻璃如处于水平位置，可垂直画；如处于立面状态，则须用斜线打出亮色眩光，以示玻璃的存在。

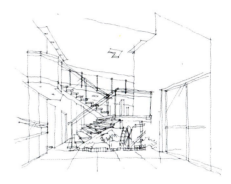

如果是镜面玻璃，除了要注意它本身的色泽外，一定还要能反映出镜面所映出的物像。而且，特别要注意刻画镜面反光时的透视关系及虚实程度，不要画得过于清晰。

快速手绘表现实例2-10

玻璃的表现主要是要画出"透明"和"倒影"的感觉。

客厅玻璃拉杆和推拉门的手绘表现

-57-

第二章　快速手绘技法训练与实例

快速手绘表现实例2-11

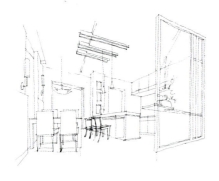

不锈钢金属和玻璃的快速表现

不锈钢主要表现其强烈的明暗对比和眩光，而玻璃主要表现透明和眩光的感觉，镜面玻璃则要增加其反射的感觉。

快速手绘表现实例2-12

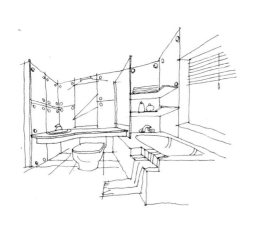

这处的玻璃几乎可以不添一笔，就可以表现出玻璃空透和纯净的感觉。

注意玻璃屏风的表现既要有"透"的感觉（如背后隐约的橱柜），又要有反光的感觉（如下面就几乎看不到背后的橱柜了）。

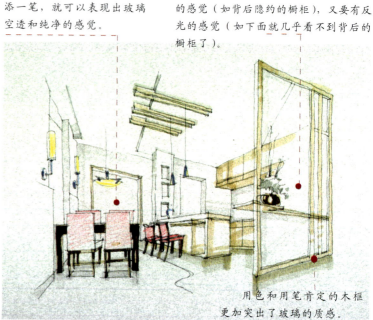

用色和用笔肯定的木框更加突出了玻璃的质感。

客厅中玻璃屏风和窗户玻璃的手绘表现

玻璃的反光。　　有透明有倒影。

镜面反射的感觉。

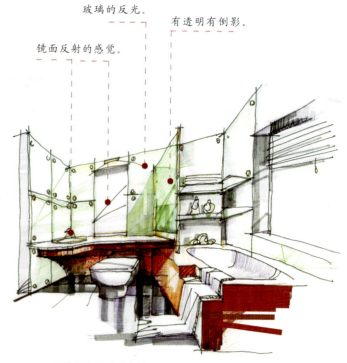

卫生间墙面玻璃和镜子以及金属水龙头的手绘表现

第二章　　　　　　　　　快速手绘技法训练与实例

室内各种单体的快速表现练习

室内家具和配景是形成室内设计风格特点以及营造真实空间氛围的重要表现方法，也是表现的难点。设计师要经常练习，熟练掌握一两种常用单体的基本画法。并随时注意收集流行的新款式和样式，用料新、漂亮的家具配景会为手绘效果图增色不少。

用方箱的组合来画家具物品

我们可以利用结构素描的方法，把室内一些常见家具物品看成是一个方箱的组合，将这些方箱缩小、放大、延伸后，家中所有物品，从椅子到厨具，几乎都可简单快速地表现出来。

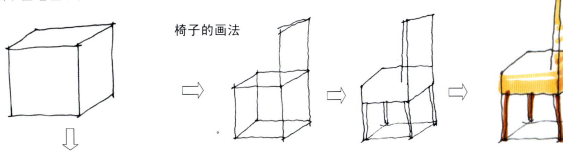

椅子的画法

缩小方箱，在箱子后方向上延伸出两条直线，再画出四边，则形成椅子的基本图形。

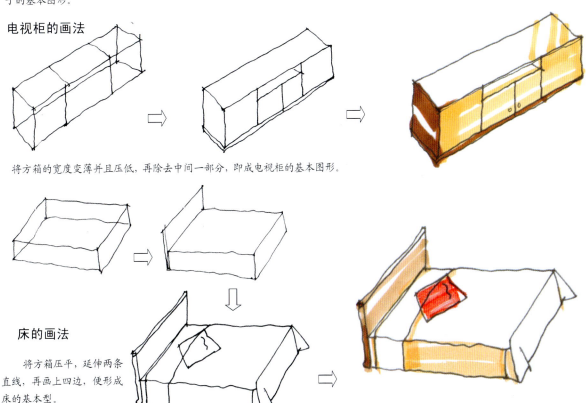

电视柜的画法

将方箱的宽度变薄并且压低，再除去中间一部分，即成电视柜的基本图形。

床的画法

将方箱压平，延伸两条直线，再画上四边，便形成床的基本型。

第二章　快速手绘技法训练与实例

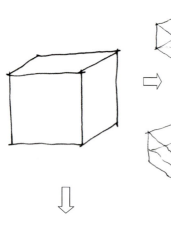

沙发的画法

将方箱压平，并列两个，在上方画出四边，即是沙发的基本图形。

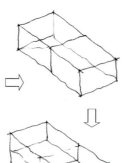

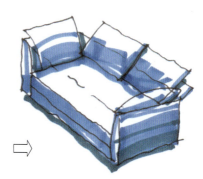

茶几的画法

将方箱放大后，利用四条延伸线作为茶几脚，如此形成茶几的基本图形。

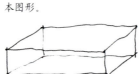
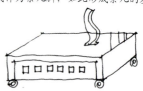

浴缸的画法

将方箱的高度、宽度降低后，将一边向后延伸，再于上方加上椭圆形，即成为浴盆的基本图形。

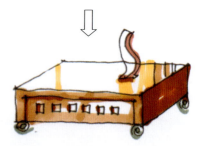

橱柜的画法

将方箱向两端延伸成长方形，将三个长方形组合起来，成为橱柜的基本图形。

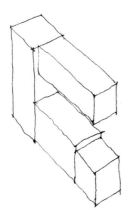
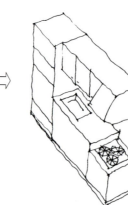

第二章　快速手绘技法训练与实例

1、沙发、椅子和茶几的手绘表现

椅子和沙发是家庭装修中必不可少的家具，不同风格的椅子和沙发具有不同的材料和颜色及样式。尤其是沙发，往往在客厅中占据着主要的位置，因此其样式和色彩对家庭装修的风格起着很大的作用。

在作画时，设计师要注意椅子和沙发的样式和色彩要同整体装修的风格协调一致。

西方古典椅、桌

中国古典椅子和几案

各种古典椅子的手绘表现

-61-

第二章　快速手绘技法训练与实例

各种方向和款式的现代沙发和椅子手绘表现

第二章　快速手绘技法训练与实例

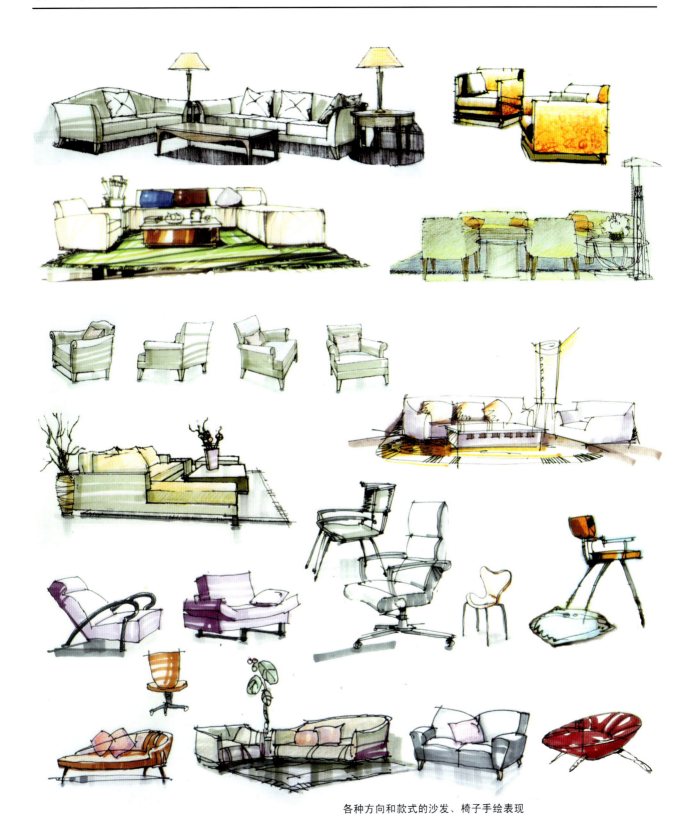

各种方向和款式的沙发、椅子手绘表现

第二章　　　　　　　　　　　　快速手绘技法训练与实例

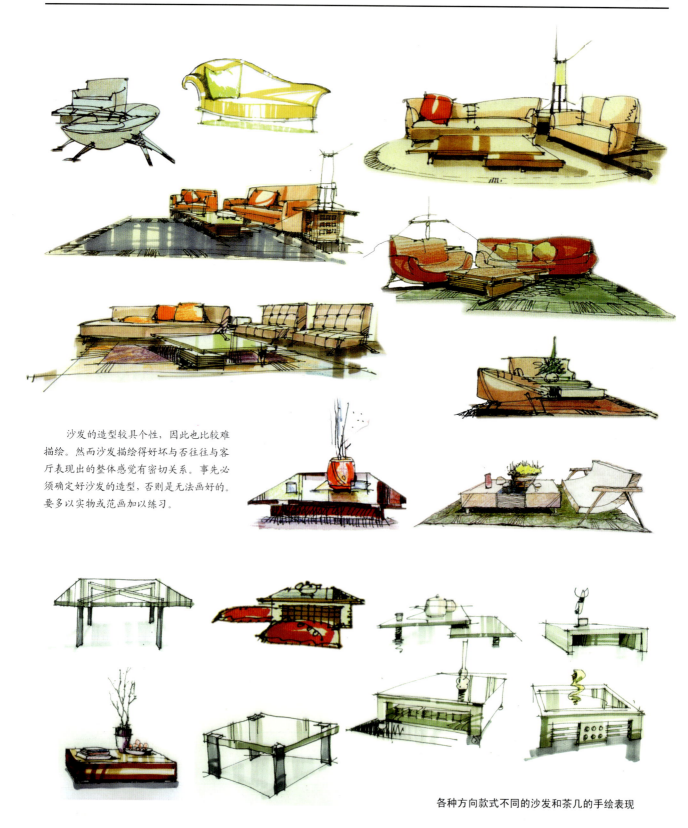

沙发的造型较具个性，因此也比较难描绘。然而沙发描绘得好坏与否往往与客厅表现出的整体感觉有密切关系。事先必须确定好沙发的造型，否则是无法画好的。要多以实物或范画加以练习。

各种方向款式不同的沙发和茶几的手绘表现

2、床、柜子、橱柜和餐桌的手绘表现

画家具时，无论是床、柜子、橱柜还是餐桌，都可以想像成一个长方体。掌握好透视方向和大小比例，先画出家具外形轮廓，然后在这个轮廓体上进行立方体的添加或减切，再进行立面的分割划分即可。

床是卧室的主要家具，主要注意以快且轻的笔触线条表现出床罩的柔软度，在用色时注意区分向下光线照射下，受光面和背光面的光影变化。

柜子、橱柜和餐桌以及上面的装饰配件一般都是用单纯的线条来表现比较简洁。

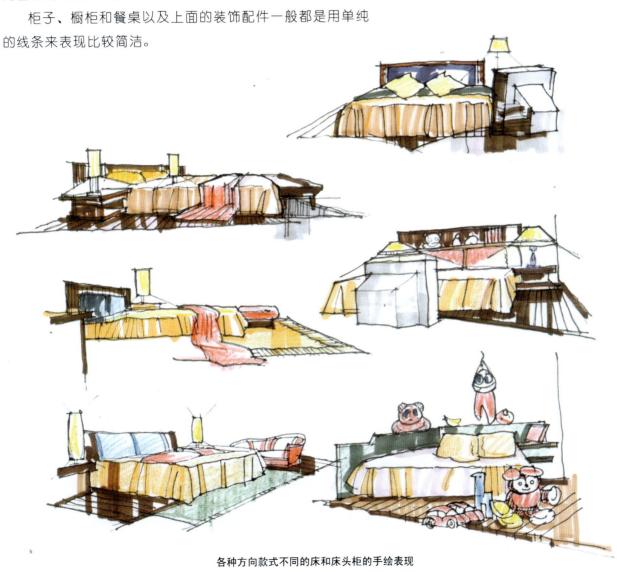

各种方向款式不同的床和床头柜的手绘表现

各种方向款式不同的餐桌和橱柜的手绘表现

3、卫生间洁具的手绘表现

卫生间坐便器、洗脸台、浴缸等，造型比较复杂，这是家装设计快速表现的难点。但是，如果掌握了前面的方法，你会发现，其实一点也不难。注意要表现出简洁、明快的特点。

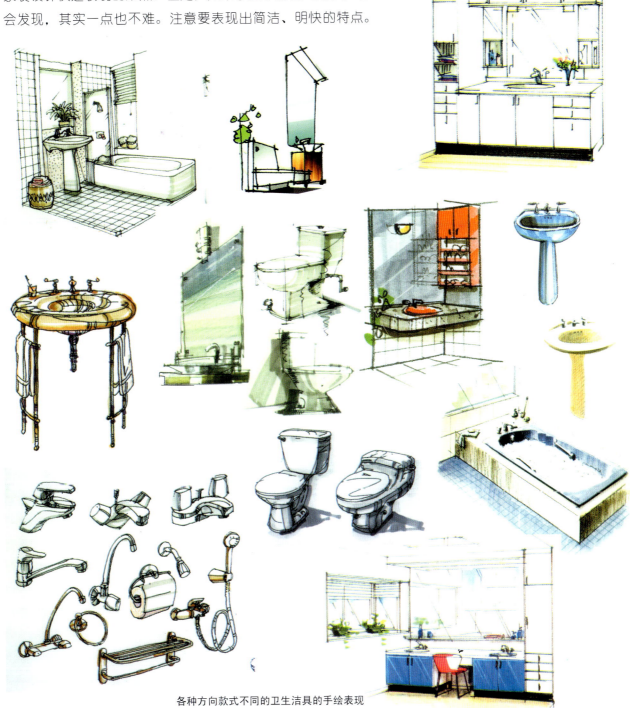

各种方向款式不同的卫生洁具的手绘表现

4、家用电器、灯具及装饰品的手绘表现

家用电器、灯具及装饰品的表现，尤其是色彩表现，可以起到烘托气氛，调整和点缀画面的效果。一些流行的家居用品，更可以增添许多时尚的生活气息。

但是家用电器、灯具及装饰品往往形式比较复杂，千变万化。不过在快速表现时，它们都是配角，不必刻画得非常仔细，只要画出形象特征感觉就可以了。

各种方向款式不同的电器的手绘表现

第二章 快速手绘技法训练与实例

各种方向款式不同的灯具的手绘表现

各种方向款式不同的装饰品的手绘表现

第二章　快速手绘技法训练与实例

家装快速手绘综合表现技巧实例

绘图前的准备

家装快速手绘表现图，在材料使用上要求并非很高。

纸张一般用A4复印纸、新闻纸或者其他普通纸张即可。如果用一些特殊的纸张，如不同颜色的卡纸，则会表现出一些特殊的效果。

画线条一般用普通钢笔或者是尼龙笔尖的绘图笔，粗细一般是0.4mm左右为宜；上色为马克笔（有水性和油性两种，以油性、宽笔头为佳），有时局部也需要彩色铅笔（最好是质量较好的水性彩色铅笔）。

另外还要准备一只白色的涂改液，用于画高光时使用。

马克笔

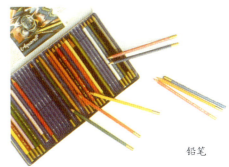

铅笔

步骤一

根据客户提供的建筑平面图（如果没有，就需要上门测绘）和家装客户的装修想法，画出平面布置图。这是一个发现家装客户的装修想法和家装问题的过程。设计师可以一边画图，一边和家装客户沟通和交流。

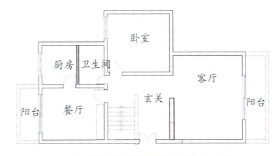

客户提供的原建筑平面图（一层）

步骤一

设计师当场给客户手绘的调整后平面布置图（一层）

设计师要在画图的过程中注意听取家装客户的装修需求。一般来说，家装客户的装修想法，尤其是新居功能方面的需求都会在平面图中反映出来（有的客户还会拿出自己画的平面布置图来），然后再拿出自己的解决方法和意见，这主要是处理好家装客户所无法把握的新居功能和原家装空间的矛盾关系。

这一步做好了，对于迅速赢得家装客户的信任，了解家装客户的装修想法非常重要。

—71—

步骤二

按你所设计的平面布置图进行空间景观描绘,这一步应首先确定描绘的景观角度,一个好的透视角度,对于表现设计师的设计意图很重要,可以先画一些小稿草图来比较一下(如图所示)。

选择透视角度时,一般以能充分表达设计意图为原则。如客厅透视图,主要是电视主墙面的表达;而有时为了说明整体空间的布局,可能从上向下看的鸟瞰图会是最好的选择。

选择透视角度时,要突出你所要表达的重点,不必面面俱到,该省略的要大胆省略。每一幅透视图中,只能有一个中心。

总之,无论怎样选择,都要选择最能反映设计方案特点,选择出彩的、最能打动家装客户的那个角度来表现。

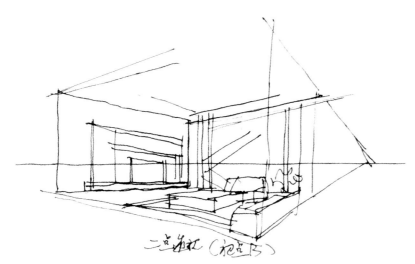

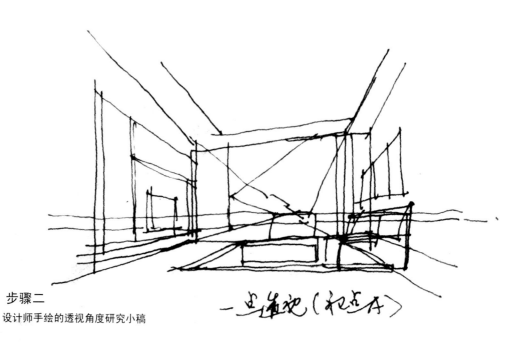

步骤二
设计师手绘的透视角度研究小稿

步骤三

根据房间的墙体结构和长宽比例，先大致画出室内空间关系，包括墙体、地面、顶面以及大型家具的位置和透视关系。

要特别注意空间长宽以及家具尺度的比例，可以参照门窗的比例来进行判断和修正。一般为了表达的方便，房间可以画得相对高大、宽敞一些比较好。

一般一点透视比较容易掌握，但容易呆板；两点透视比较有变化，重点突出。无论是哪种透视，透视水平线和灭点一般定在常人高度的视点以下为宜。

这一步主要是解决空间的大致结构、位置、比例及透视关系问题，用笔时要求轻快、明确、肯定（如图所示）。

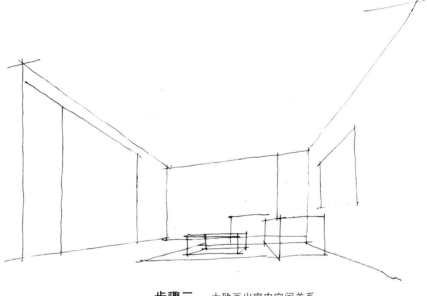

步骤三 大致画出室内空间关系

步骤四

接着再进行主要墙面装饰、地面、顶面和家具立面的刻画。如电视墙面的快速表现，沙发、字画、工艺品、绿化等软配置的摆放（见图）。这一步十分关键，你的设计感觉和思路已一次性地出现在画面上了。

这一阶段要特别注意体量较大的物体（如沙发、床等）与整个画面中场景的关系，以及沙发的款式等。这一步把握得好与差，将决定整个景观图的成败。有些设计师会将沙发画得过大或者过小，或者是沙发的透视关系与整体不协调，使画面很不舒服，感觉别扭，应特别注意。

还要注意的是，不要孤立地画一个局部，把一个局部刻画得很细了，再画另一个局部。如画墙面的同时，也要同时画出相应的地面、顶面以及家具。同一时间每个局部刻画的深度要一样，各部位一定要同时进行，同步进行，逐渐由粗到细。画面要始终是一个完整的整体，不能一个地方已经很细了，而另一个地方还没画呢。

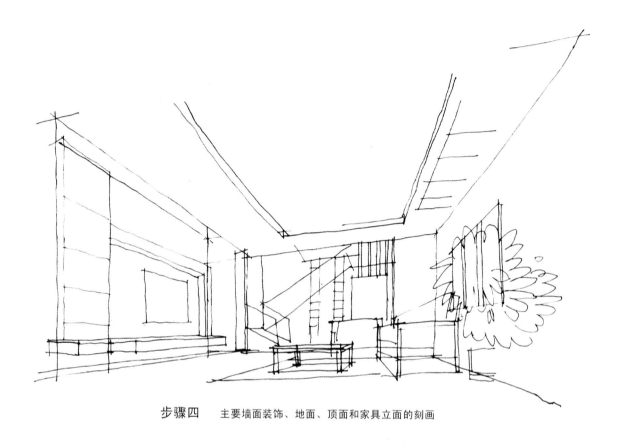

步骤四　主要墙面装饰、地面、顶面和家具立面的刻画

步骤五

通过上面几个步骤，画面效果已经大致表现出来了。现在需要对画面进行进一步的整体调整，如通过添上灯具配景，调整画面整体的疏密关系，以及重点部位进一步深入刻画等。

这一步不要主次不分，一定要注意主体刻画。要调整好虚实和主次关系。同时要注意画面的"黑、白、灰"的关系调整。对于快速徒手画表现，黑白灰层次不必过于复杂，越简单越好。

到现在为止，一张快速手绘表现图就基本完成了。在这个基础上，就可以再对它进行上色。

第二章　快速手绘技法训练与实例

步骤五　对画面进行进一步的整体调整

步骤六

用灰色系列的马克笔先勾画出形体的背光面，注意表现室内灯光及物体的明暗及光影的变化。

一般先从地面画起，用笔要准而快且不可停留，以突出马克笔的力度和特点；然后再画出地面的大致反射，以强调地面材料的光泽感。

首先要进行空间层次调整。要注意由近到远的空间过渡，使明暗层次逐步推移，或近深远淡，或远深近淡，形成一定的层次。如地面、顶面要表现出纵深感，如果地面材质有倒影，可在具体深入时再加强。墙体和柱子的表现也和顶面、地面一样需要营造空间气氛。

步骤六（一）　用灰色系列的马克笔先勾画出形体的背光面

第二章　快速手绘技法训练与实例

　　最后再用灰色和其他中性色画出家具和装饰造型的形体感，此阶段应根据形体的受光面和背光面去画，并充分运用退晕的方法，要注意光影的表现，使物体有体积感和质感。

　　要注意用色不要过于写实，装饰性要强，要控制画面颜色的数量，最好不要超过2～3种颜色。要注意不要用色太生硬，或者"火气"，根据材料的基本色彩特征去用色，使画面逐步完整和协调。

步骤六（二）　再用灰色和其他中性色画出家具和装饰造型的形体感

　　家具的表现在室内效果图中占有重要地位。家具的种类繁多，在表现时要区别对待。如果家具表面质地比较光洁平滑，又有一定的反光，在处理上可有意将其水平面提亮，强调一下垂直方向的笔触，以表现其反光与倒影，并在面与面的转折处用笔画出高光线。

步骤七

这一步主要是深入刻画。首先主要是表现各个界面上的具体造型。像顶棚上的角线或吊顶细部，地面上的图案或接缝线，以及各种不同材质的纹理，墙面的材质是软包还是护墙板，如果有窗子还要刻画好玻璃及窗外的景物。

在家庭装修的室内设计中，尤以电视主墙面及柱子的刻画比较丰富细致。电视主墙面通常是室内装饰的重点，柱子（尤其是一些古典风格的柱式）有着复杂的细节，需要下功夫进行描绘，同时对材质也要有所交待等。

其次是家具和装饰品的表现。为了衬托家具的立体感与空间感，一般在完成了家具描绘后，都在家具下方的地面上画出它的落影（也有先画落影，后画家具的），而且把家具的落影表现得较深。但应当注意这个落影是单一光源还是多光源照射下的落影，因为前者有明显的边界，而后者影子则相互重叠，没有明显的边界。

步骤七　深入刻画

步骤八

这是一个整体调整的步骤。所谓调整，一般都是调整整个画面色彩的过渡关系，以及整体画面的色调关系和空间气氛的调整。如地面、顶棚、墙面的空间层次，画面的整体色调如何，以及灯光的光影关系和整体画面的气氛等。这步可以用彩色铅笔或其他工具来进行，以弥补马克笔色彩运用的不足。

注意画面不要画得太死、太腻，应该体现用笔的生动。在做这些大色块时，有时为了打破单调感，或多或少在墙面或柱子上做些笔触，以获得生动的对比效果。

此时一张完整的手绘室内表现图就已完成（见图）。

快速手绘室内表现图，因要求时间短，再加上使用材料的特性所限，线条和色彩都难以更改，因此不必过于追求细节的完美，只要能表现出设计的意境就可以了。只要设计师经常不断地进行这方面的训练，一定会逐步得到提高。

步骤八　整体调整完成稿

第三章

怎样搞清客户的真实需求

了解清楚家装客户的家装真实需求很重要，这是设计师做好设计方案的基础。客户的真实家装需求有时是潜在的，往往连家装客户自己都不是十分清楚。这往往需要设计师用手绘的方法一一道来。

学习要点

1、怎样了解和分析家装客户的家庭因素
2、怎样了解和分析新居原来的建筑条件
3、怎样了解家装客户都要做哪些装修项目
4、怎样了解和分析家装客户的装修标准
5、怎样帮助家装客户选择合适的装修材料
6、怎样帮助家装客户选择家装设计风格
7、怎样帮助家装客户选择喜好的色彩与色调
8、怎样帮助家装客户选择合适的照明方式
9、怎样用有限的预算做出最好的设计方案

我们已经清楚，要做出家装客户满意的设计方案，首先要了解家装客户的真实家装想法。否则，你就不可能做出客户满意的设计方案。

一般来说，家装客户选定设计师之后，就会把自己对设计的设想和要求告诉设计师。但是实际在接单时，家装客户往往都无法把自己的真实装修想法说清楚。此时，家装设计师除了仔细聆听客户意见外，还应该像一个破案的侦探一样学会"问"。通过"问"，了解家装客户的真实需求，特别是潜在的需求，并做好记录。如果事后设计师发现有不清楚的地方，再及时与客户联络，直到全部明了为止。

那么，家装设计师在接单时一般都要了解哪些情况？用什么方法了解？都要了解哪些内容呢？一般来说，在家装设计接单中，设计师一般会从以下几个方面来进行。

搞清楚客户的家庭人员与生活方式

家装客户请设计师来进行室内空间设计，就是为了创造更健康快乐的家庭生活。家装设计，从某种意义上讲，是在

设计师接单时应该问些什么

许多设计师在接单时都不知问些什么？往往只能简单地问家装客户："你希望装修成什么样？"再下来就不知问什么了。

面对这样的问题，大多数家装客户往往都只能够说出："简洁、明快"等相同的回答。

家装客户这个"简洁、明快"背后的真实想法是什么？比如，是想要简约的风格，还是想要节约费用省钱？如果搞不清楚，是很难做出让家装客户满意的设计方案的。

像医生看病一样，要了解家装客户的装修需求是要靠"问"的。

接单时做好两个方面的工作

家庭装修设计是一种以家庭生活需要为目标的理性的创造行为。这就要求家装设计师在接单时做好两个方面的工作：

一方面应认真分析住宅原来建筑室内外空间现状和特性；

另一方面，必须充分把握家装客户的生活方式和各种装修需求。

第三章　怎样搞清客户的真实需求

隐性的装修需求非常有用

家装设计师应该向家装客户了解尽可能多的背景资料和要求，特别是家装客户那些隐性的装修要求。此外，一些更深层次的背景资料对家装设计是非常有用的，关系到以后设计方案的好坏和能否顺利签单。

设计师正在现场接待家装客户

设计师应该了解的客户资料

一般来说，设计师应该对下列问题作比较细致的了解：

（1）关于建筑的类型：如是新房还是旧房，南向还是北向等。

（2）关于人的活动情况：如人口较多还是较少，是短期居住还是长期居住等。

（3）关于家装客户的欣赏品味：如喜欢传统还是现代，喜欢东方还是西方等。

（4）关于家装客户的具体要求：如客厅是否兼作餐厅，是否单独设书房等。

（5）关于对色彩的习惯及喜恶：如哪些是习惯色，是喜欢淡雅的还是浓烈的色彩等。

（6）关于对装饰物的品种、造型和图案：写实还是抽象，是厚硬还是柔软等。

（7）关于对材料的习惯价值观：如认为木地板高级还是大理石高级，榉木好还是胡桃木好等。

（8）关于其他限制性条件：如周围建筑的形式、色彩、装饰水平等。

（9）关于总造价问题：如家装客户在资金上的承受能力，最后付款的方式和时间等。

为新居的主人设计一种新的生活环境和相应的生活方式。因此，掌握家装客户的家庭因素，对设计师方案设计很重要。这其中主要包括：

①**家庭结构形态**：

属于新生期、发展（前后）期、再生期还是老年期？特别注意人口、数量、性别与年龄结构。

②**家庭综合背景**：

包括籍贯、教育、信仰、职业等。不同地方的人，不同的受教育程度、宗教信仰、职业环境，对家装设计的喜好区别很大。

③**家庭性格类型**：

包括家庭的共同性格和家庭成员的个别性格，对于家庭成员的偏爱与偏恶，特长与缺憾等须特别注意。

④**家庭经济条件**：

属于高收入，还是中、低收入，一般高收入者比较讲究舒适和美观，低收入者关心成本和费用，应根据实际情况设法制定出合理可行的预算。

⑤**家庭生活方式**：

这点尤为重要，但是却常常被设计师所忽视。当我们了解家装客户的装修需求时，我们不仅要问关于房间数、预算、材料、色彩等，更要问该家装客户想在新家做些什么事。设计师的设计理念一定要考虑到如何满足家装客户的生活价值及未来生活的变化。

表3-1　装修家庭成员及需求分析表

成员	籍贯	年龄	职业	学历	宗教	职务	基本需求	特别喜欢或禁忌
丈夫								
妻子								
儿子								
女儿								
父亲								
母亲								

搞清楚户型格局和存在的问题

家装客户新居的户型格局分析是家装设计的基础。家装客户新居的户型格局有什么特点？都存在哪些空间问题？往往家装客户自己是不清楚的。设计师接单时能否找出问题、分析并提出妥善的解决方案，对设计师成功接单非常重要。

① 住宅建筑形态：

是属于新建的还是旧有的，是城市的还是乡村的。旧房装修有一个拆旧和改造的问题，城市和农村住宅装修在功能和标准上也有很大的区别。

② 住宅环境条件：

包括住宅区的社区条件，邻近景观，并注意私密性、安全性是否能充分保证。

③ 住宅空间条件：

包括整栋住宅与本单元区域以及平面关系和空间构成，如方位、入口、道路等；此外，室内空间格局是否舒适和满足需求是户型格局分析的重点。

④ 住宅结构方式：

是属于砖混、框架、剪力墙还是其他。剪力墙和框架结构的隔墙可以任意调整（除剪力墙外），但砖混的隔墙却不能随意改动。

⑤ 住宅自然条件：

包括自然采光、日照、通风、湿度与温度等。

由于户型格局关系到使用功能、艺术造型等很多问题，所以仅仅使用语言是不够的。一般来说，设计师主要是通过当场手绘平面布置图，一边画图，一边跟家装客户交流沟通的方法来达到目的。

家装的客户特殊需求很重要

此外，为使设计更切合业主的喜爱和要求，家装设计师还应要求家装客户提供如下资料：

(1) 拟购置的家用电器和设备的主要品种、品牌及主要尺寸；

(2) 家具是购置还是装修时统一制作，或继续保留部分原有家具；

(3) 有什么特殊要求，譬如厨房、卫生间的平面布置及设施的空间安排等。

家庭住宅常用结构形式

表3-2 房屋状况及装修需求调查分析表

新居希望装修情况				
希望委托施工方式	希望报价方式	希望装修标准	建筑面积	计划预算范围
阳台是否封闭	保留家具情况	煤气类型情况	厨房能否开放	计划施工期限
厨房、卫生间设备				
原房屋装修情况				
房屋新旧状况	房屋户型类型	房屋结构类型	采光通风情况	房屋朝向情况
空调类型情况	房屋渗漏情况	网络电视通讯	安全监控系统	其他

第三章　怎样搞清客户的真实需求

设计师设计接单实例3-1

这是个特殊的小户型，业主为刚结婚的一对夫妇。由于房子面积不大，又为扇形，所以在使用时显得很不方便，很难布置。因为所有的房间都不是正方形，所以很难布置床位；最困难的是如何布置沙发位和电视位，让该家装客户十分犯难。这种情况在城市的高层中比较常见，当然，这也正是设计师发挥设计功力的地方。

设计师主要是在空间格局上作了一些处理，调整了房间不规则的感觉。经过设计师的精心设计，在空间感上达到了特殊的效果，既有个性，又有生活。

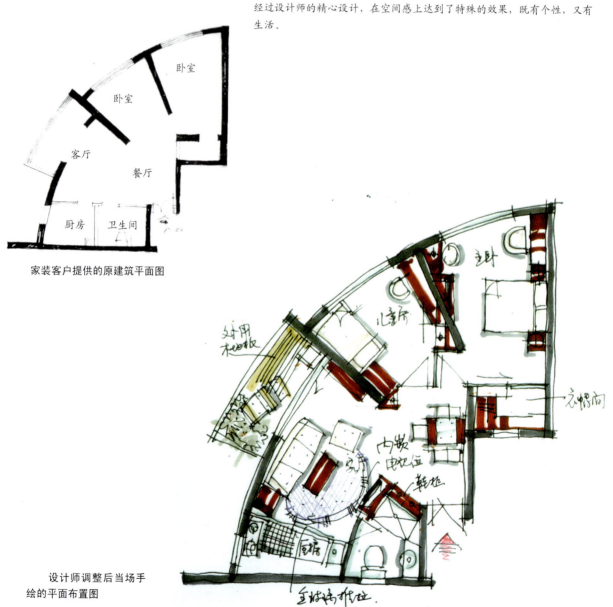

家装客户提供的原建筑平面图

设计师调整后当场手绘的平面布置图

第三章　怎样搞清客户的真实需求

设计师设计接单实例 3-2

① 首先分析原建筑平面图的空间格局：

该户型是一个别墅户型，主人为一对富商夫妇，要求装修气派，尽显豪华舒适。

但是原建筑平面空间格局比较零乱，原发展商提供的平面布局不够合理，如主卧室和主卫生间面积不够大，"主卧室不主"、"次卫生间不次"，储藏和家政空间没有考虑，工人房也没有考虑，楼梯位置也不尽合理，等等。

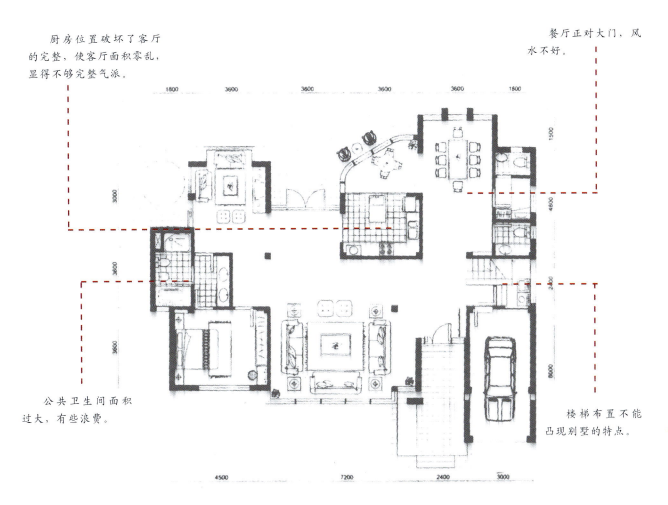

厨房位置破坏了客厅的完整，使客厅面积零乱，显得不够完整气派。

餐厅正对大门，风水不好。

公共卫生间面积过大，有些浪费。

楼梯布置不能凸现别墅的特点。

家装客户提供的原建筑平面图

第三章　　怎样搞清客户的真实需求

设计师主要是在几个方面做了调整和改造：通过空间的重新布局和配置，使功能更趋向于合理；楼梯的移位，客厅的布局，装饰的形式，都在为空间的重新塑造服务。一楼的设计元素是为了体现恢宏的豪宅气势，并且与建筑本身呼应、协调。为了保留户外的盎然绿意和湛蓝的天色，仅以大片的玻璃做出室内外的界定。

设计师调整后当场手绘的平面布置图

第三章　　怎样搞清客户的真实需求

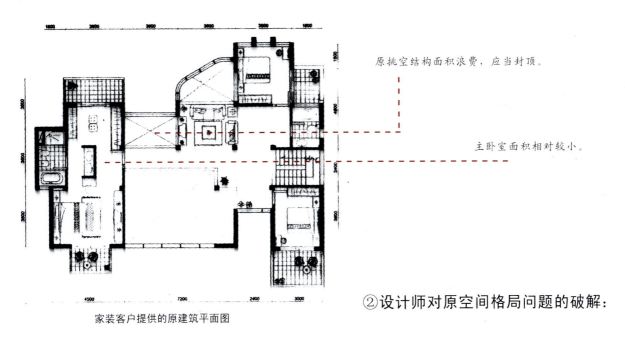

原挑空结构面积浪费，应当封顶。

主卧室面积相对较小。

家装客户提供的原建筑平面图

②设计师对原空间格局问题的破解：

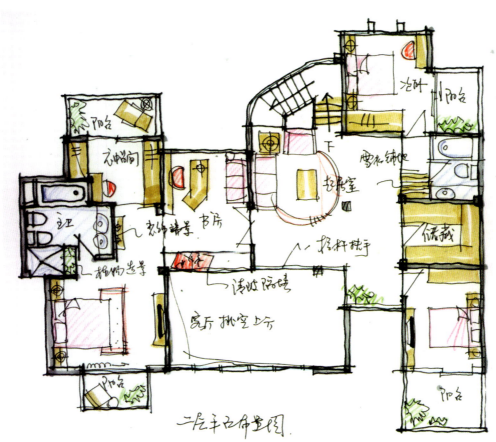

设计师调整后当场手绘的平面布置图

第三章　怎样搞清客户的真实需求

某住宅建筑平面图

哪些墙可以拆？哪些墙不可以拆？

由于不同业主对房型的要求不同，在装修时往往会想改变原有房型中一些不尽合理的布局，主要就是体现在拆墙、开门洞方面。然而，不是所有的墙体都是可以随意拆除的，这要看房屋的结构：

①混合结构

房屋的承重结构为砖墙承重，即砖墙是支承楼板的。只有少数分隔墙（一般为120mm厚）可以拆除，主要支承墙是绝对不能拆的，拆了会影响住宅安全。

②剪力墙结构

房屋内没有柱子，从外观看都是墙，但这种结构的墙是钢筋混凝土结构（一般厚为200mm），它是主要的承重结构。这种墙体绝对不能拆，拆了会影响建筑安全。

③框架结构

此类住房由柱、梁构成承重结构，填充墙仅起到围护、分割的作用，拆除一段墙体，一般不会对整个房屋结构造成危害。

在框架和剪力墙结构中，户内隔墙可以任意拆除。在混合结构中，这些承重的墙是不能随意拆除的。如上图所示，一般来说，在发展商提供的建筑平面图中，凡是涂黑的墙体或柱子都是不能拆除的承重墙。

承重墙①

柱子③

半截墙②

家装客户都要做哪些装修项目

家庭装修一般是指一套住房内各房间的内部装修，当然也包括相连的外墙门窗。一套新居要装修的内容主要包括：楼地面、墙面、顶棚、门窗等，以及厨具、卫生洁具、灯具、家具以及家用电器等设施的装修。

有些装修项目是可做可不做的，但有些却是必须要做的。有些项目如做了装修效果会更好，可是，这些该做和不该做的原因家装客户往往却并不十分清楚。再加上装修项目涉及家装客户的投资，当然也涉及设计师接单的成交额和利润，因此，家装客户有时会产生这样那样的误解。这一切就需要设计师耐心地解释和诱导，往往需要设计师现场用快速手绘画出设计完工后的效果图，让家装客户花的每一分钱都看得见。

表3-3　家庭装修各功能房间需求分析表

功能	区间	希望面积/m²	需求	功能	区间	希望面积/m²	需求
起居	会客区	m²		工作学习	书房	m²	
起居	前厅（玄关）	m²		工作学习	工作室（某些职业或爱好）	m²	
起居	休闲区	m²		娱乐	棋牌	m²	
睡眠	主卧	m²		娱乐	视听	m²	
睡眠	副主卧	m²		娱乐	其他爱好	m²	
睡眠	小孩房	m²		娱乐	更衣室	m²	
睡眠	客房	m²		娱乐	储藏间	m²	
睡眠	保姆睡房	m²		其他	小孩游戏区	m²	
餐饮	厨房	m²		其他	保姆工作区	m²	
餐饮	餐厅	m²		其他	洗衣区（房）	m²	
洗漱	主卧卫生间	m²		其他	晾衣区	m²	
洗漱	公用卫生间	m²		其他	露天花园（室外休闲区）	m²	
合计		m²				m²	

第三章　怎样搞清客户的真实需求

一般来说，对于一套新购的住房，应进行如下表所示项目的装修。

表3-4　家庭装修的施工项目内容表

对于一套新购的住房，应进行如下项目的装修	
项目	装修内容
地面	客厅、餐厅、卧室、厨房、卫生间选用何种材质装饰，踢脚线的搭配
顶棚	以上位置是否需吊顶，用何材质，顶角线的搭配
墙面	除内墙涂料外，亦可贴壁纸、做壁布软包、墙面造型等
门窗	重做门窗还是旧有门窗翻新，考虑门窗材质、样式
五金	合叶、锁、拉手等的选择
灯具	吊灯、吸顶灯、壁灯、落地灯等的位置、样式选择
洁具	卫生间洗手盆、淋浴器具、坐便器及镜子等物品的选择
家具	新购家具的样式，结合旧有家具考虑其位置摆放

表3-5　家庭装修内容和材料分析表

	地面	墙面	顶棚	家具	设施	窗饰	饰物
入口							
客厅							
饭厅							
主房							
童房							
书房							
客房							
浴厕							
厨房							

表3-6　家庭居室装饰装修工程内容和做法一览表

序号	工程项目及做法	计量单位	工程量

装修怎样才又好又便宜？

大家都希望装修得既舒适又省钱，那么，有没有又便宜又好看的装修？这里的省钱，并非意味着降低标准。也就是说，花同样的钱，能不能装修得又漂亮又省钱？下面介绍一些常用的方法：

①从两方面下手

首先要明白装修的漂亮主要取决于装修的样式和所用材料颜色的感觉搭配，而这又与装修所选择的材料和做法有关，所以要省钱你可从这两方面入手，多做装修材料价格和加工价格比较。

②做好搭配设计

其次，装修时首先要注意设计样式的好坏和颜色的选择。不必总选择价格贵的高档材料，并不是越高档的材料就一定能做出好的效果，便宜的材料如果搭配得很好一样会非常漂亮。

③分清装修的主次

最后，采用重点装饰部位选用较高档的材料，而大面积则选用较为普通的材料的方法，特别是装饰点缀品可以选些高档的物品，这样，整体风格会显得较为高雅。

某家装不用高档材料，用色彩搭配来取得精彩效果。

表3-7 家庭居室装饰装修工程施工项目确认表

序号	施工项目	客厅	餐厅	居室1	居室2	居室3	居室4	卫生间1	卫生间2	厨房	阳台	备注
一	地面											
1	木地台安装铺设											
2	木地板铺设(素板)											
3	木地板铺设(油板)											
4	各种复合地板铺设											
5	塑料地板革铺设											
6	各种地毯铺设											
7	普通地砖铺设											
8	普通花岗石铺设											
9	木质踢脚板											
10	复合踢脚板											
11	瓷砖踢脚板											
12	地面水泥找平											
二	顶面											
1	木龙骨吊顶(普通)											
2	木龙骨吊顶(复式)											
3	木龙骨拼花吊顶											
4	磨砂玻璃发光吊顶											
5	长条PVC板吊顶											
6	铝方形扣板吊顶											
7	长条铝扣板吊顶											
8	优制木阴角线											
9	普通白木阴角线											
10	普通石膏阴角线											
三	墙面											
1	贴高级瓷砖(进口)											
2	贴普通瓷砖(国产)											
3	拼花面板木墙裙											
4	普通面板木墙裙											
5	普通软包木墙裙											
6	乳胶漆墙面											
7	贴墙纸或布(对花)											
8	装普通木腰线(榉木)											
9	装高级木腰线											
10	砌砖墙(120厚)											
四	门/窗											
1	包门套											
2	原夹板门包门/套											
3	做实芯造型门/套											
4	包艺术造型门/套											
5	木推拉门(不包导轨)											
6	铝合金玻璃推拉门											
7	装铝合金框防盗网											
8	不锈钢防盗网											
9	木质窗套饰边(普通)											
10	木质窗套饰边(凸窗)											
11	普通窗帘盒(不包导轨)											
12	铝合金推拉窗											
13	铝合金玻璃封闭晒台											
14	铝合金框纱窗											
15	铺装大理石窗台											
五	卫生间厨房											
1	坐便器及五金安装											
2	安装淋浴间及热水器											
3	安装浴缸及热水器											
4	安装大理石台板											
5	安装瓷洗脸柱盆及五金											
6	装龙头/镜面/毛巾架等											
7	洗脸盆台下储物柜											
六	木家具											
1	厨房吊柜											
2	厨房木制地柜(不包面)											
3	梳妆台/写字台/电脑台											
4	床头柜400x400x600											
5	酒柜/书柜/鞋柜											
6	电视柜											
7	衣柜											
8	普通双人床/单人床											
七	电路、水路											
1	水路改造与水管埋设											
2	水管改位/水管安装											
3	灯改位/开关/插座安装											
4	安装排风扇/抽油烟机											
5	电视/电话改位											
6	照明线架设/电路埋设											
八	其他											
1	拆旧水泥墙,开窗孔											
2	旧瓷砖凿铲墙、地面											
3	地面、墙面防潮处理											

家装业主代表(签字): 　　　　　　承包人代表(签字):

搞清楚家装客户能承受的装修标准

这也是和家装客户的装修投资预算紧密相关的，因而也直接影响到设计师接单成交额和利润。因此，设计师必须谨慎处理。

一般来说，装修标准一定要和家装客户的地位和收入相符，一定的家庭经济收入和社会地位决定了其选择相应的装修标准（如普通工人、企业家、局长或艺术家等）；每个家装客户都希望用最少的钱达到最佳的装修效果，都不希望被"宰"，即使是那些腰缠万贯的富豪也是如此。有时，装修标准也会因家庭的用途不同而决定，如一些企业家可能会害怕"露财"而选择经济型的装修标准。但总的说来，无论家装客户选择什么样的装修标准，设计师一定要让家装客户感到为他们提供的设计方案和装修施工"物有所值"，这是设计师提高接单成功率的关键。

某家庭普通型的装修

家庭装饰设计的等级与装修标准并没有严格规定，它和很多因素有关，例如房屋建筑本身的等级、装饰设计质量、装饰材料和施工做法以及家装客户要求等都有密切关系。一般而言，家庭居室装饰可分为以下几种类型。

某家庭豪华型的装修

①经济型：

各部位只做简单的装修，适用于居住要求暂时不高，或只作短期安排过渡的家庭。

②普通型：

对居住要求较高，装修时在各方面均做得较好，既不逊色，又能跟上时代潮流，此类装饰适合于一般工薪阶层，投资不大，效果不错，入住后也挺舒适。

③豪华型：

适合高收入阶层，从设计到材料选择、装修造型、做工等都很考究，具有独特的风格和鲜明的个性，带有超时代意识的装饰，可谓豪华型。

某家庭经济型的装修

第三章　怎样搞清客户的真实需求

④ 特种豪华型：

可简称为特豪型，是指一类具有特种品位的豪华装饰家居。例如，各种艺术家、收藏家、特殊爱好者的居室装修，往往会体现其职业或爱好的特征，或者其所想往的境地。

一般来说，家庭装修的装修标准与所用的装修材料如表3-8所示：

某家庭特种豪华型的装修

搞清楚家装客户喜好的装饰材料

家庭装修的装饰材料与装饰风格、档次、效果均有密切关系，跟家庭装修的投资预算更有直接关系。一般来说，一些高档的材料会给人一种赏心悦目的感觉，尽管价格较高，但其本身特有的高贵美感总是让人无法抗拒的。但是，倘若材料选择不当，就很难达到预计的装饰效果和水准。相反，一些很普通的材料，尽管价格很便宜，但经过设计师精心的设计和搭配，同样也会给人一种清新脱俗的感觉。同时，材料的选择还跟个人的喜好（包括颜色）有很大关系。

此外，装修标准和装修投资预算也是要用发展和辨证的眼光来看的。有些现在很豪华的装修也许很快就会成为很普通的装修，而一些所谓"经济"的装修，也许将来会造成更大的浪费，反而更"豪华"。

表3-8　装修档次和材料选择表

	豪华型	普通型	经济型
家具	名贵木材或高档花饰贴面	高档花饰贴面板	防火贴面、仿木纹贴面
石材	高档大理石、玉石、水晶石、玛瑙石、花岗石	普通大理石、花岗石	水磨石、人造大理石、碎拼大理石
窗帘	六角纤维帘	贵族帘、罗马帘	竹帘、纸帘、塑料百叶帘
木作	用"交齿"、"入榫"方法	用木楔或连接件的方法	接口打钉
地面	名贵石材或木材、高档地毯	普通石材或木材、石英砖或瓷砖、地毯等	瓷砖、陶瓷锦砖、拼木地板、水磨石、涂料
墙面	豪华墙纸、高档涂料、贴名贵木材	普通墙纸、高档涂料等	普通涂料
顶棚	通常吊二级吊顶，有美观造型	部分吊顶或吊假顶	通常不吊顶
线条	通常用原木电脑刻花线条，面刷清漆	PV或石膏花线，以及高档木线	普通木线条刷乳胶漆或手扫漆
灯具	水晶吊灯、名牌灯具、最新款灯具	名牌灯具或普通灯具	普通灯具

第三章　怎样搞清客户的真实需求

家装材料一般包括主要材料（称主材）和辅助材料（称辅材）。这里首先要考虑的是主材的选择，例如楼地面可用石材、地板砖、木地板等做面层，其中石材又有大理石、花岗石、碎拼石板及各种人造石材之分，木地板有实木地板、复合地板及强化复合地板等等，那么是用木质地板、石质地板、还是用地砖呢，必须敲定。

其他装饰用料也是如此，如门窗是用木门窗、铝合金门窗、塑钢门窗还是钢门窗等；墙面及顶棚用装饰材料也都有多种方案可供选择。到底用什么类型的材料，在装修开工之前，必须有个统筹考虑，以使各面层的装饰用料和装饰效果达到最佳的统一。

家庭装修材料由谁负责？

家庭装修的物资供应从以下几方面考虑：

①若由家装公司承包并负责采购材料和设备，应向业主提供实际材料样板和设备说明书，质量由家装公司负责。

②若由业主负责提供或者由装修业主指定单位采购的材料、设备，若发生质量问题，均由业主负责。

③家装公司负责提供材料、设备项目及数量，依据预算报价单所提供的产品样板或样本为准，如有变更时，应另办变更增减手续。

表3-9　家庭装饰装修材料明细表

序号	材料名称	单位	品种	规格	数量	单价	金额	供应时间	供应到的地点

发包人代表（签字）：　　　　承包人代表（签字）：

现代风格的装修

欧式风格的装修

第三章　怎样搞清客户的真实需求

传统风格的装修

田园风格的装修

搞清楚家装客户的风格取向

所谓家装设计的风格，通俗地讲，就是室内通过设计给人的一种总的感觉和印象。这些感觉，往往是经过一定时期，在一定的区域内被大家普遍接受、约定俗成的。

家庭装饰风格，具有较强的流行性，随时代而变异。近期的家庭装修风格趋于向多元化的方向发展，其取舍不仅受我国传统建筑风格、西方风格、东方情节和地域特性的影响，还受现代派潮流和时尚的影响，更受家装客户的个性、家庭成员的兴趣爱好、年龄、职业等诸因素之影响。一般来说，年轻、搞艺术的家庭较易接受现代的流行的风格，年长的家庭较易接受传统稳重的风格，而一些欧式风格或者中国风格较受那些为显示身份地位的"暴发户"的青睐。

各种装修风格在家装造型、色调和装饰技巧上各有差异，主要反映在室内色调和家具的样式上。家装设计风格反映了家装客户在家装设计上的喜好和个性，设计师应在接单的过程中充分了解这些情况，特别是家装客户受当前流行风格影响的程度。

中国古典风格家具和设备

西方古典风格的家具造型端庄、华贵，英式色彩高贵，法式色彩华丽，比较容易用来表现怀旧情节和显赫地位。

中国古典家具造型朴素、大方，喜用自然材料，非常适合表现庄重、典雅的传统气氛。

西方古典风格家具和设备

第三章　　　　　　　　　　　　　　怎样搞清客户的真实需求

搞清楚家装客户的色彩与色调喜好

一个家庭的装修，色彩和色调占有重要地位。家庭装修的色彩往往和风格是密切相关的。色彩和色调除对人的视觉环境产生影响，还直接影响人的情绪和心理。因此整体色调和局部色调的处理都要恰到好处，以使人感到舒适、自如，取得功能和美感协调一致的效果。

家庭装修的色彩各种各样，每个人的喜好都不相同，这与人的社会经历和性格等因素有关。有的人对亮一些的颜色情有独钟，有的人喜好暗一点的颜色。这些喜好的颜色就成为家装设计的主色调。重要的是要能及时发现家装客户不喜欢哪些颜色，明确家装客户对颜色的禁忌可以避免走弯路。对于每个室内空间或一套住宅总要选定一个主色调，它是室内色彩的主调。无论怎样，每个家装设计都一定要有一个总的色调。例如选择暖色调还是冷色调；是清淡明快的浅色还是深色；是古色古香的色调，还是现代气息的色彩；就明暗程度来说，是采用明调、灰调还是暗调，等等。

同时，对于一些需要油漆的木装修，做混油还是做清油，也应事先明确定下来，因为这与装饰材料、施工做法和油漆都有关系，并影响着装修效果。

值得注意的是，家装室内设计的颜色不可能是孤立存在的。没有不漂亮的颜色，好与坏、漂亮不漂亮完全是取决于色彩的搭配。从这种意义上讲，关键看你怎么使用。往往家装客户对色彩的认识是非常有限的，需要设计师去引导和启发。这时，如果设计师能用手绘的方法当场做出色彩效果图来，那自然会大大提高接单的成功率。

帮助客户选择喜爱的色调

客厅的色彩、卧室的色彩、餐厅及家饰的色彩、卧室及浴室的色彩，甚至窗帘与沙发的色彩都对整个家装室内设计产生影响，反映了家装客户对自己未来心目中"家"的希望和憧憬。

现代风格造型简洁，充满流动感；色彩明快，具有强烈的装饰性。给人一种年轻、充满活力的都市气息。

现代风格的家具和设备

第三章　　　　　　　　　　　　　　　　怎样搞清客户的真实需求

设计师用手绘的方式为家装客户提供传统风格的设计方案

客厅电视背景墙的照明布置

客厅顶棚的照明布置

搞清楚装饰照明的需求

室内照明和灯具布置，对创造居室空间的艺术效果有密切关系。光线的强弱、光的颜色以及光的投射方式均可明显地影响空间感染力。明亮的空间感觉会大一些，暗淡的空间会感到小一些。室内照明配置得当可以使空间变得有虚有实，可以把空间分成几个虚实不同的区域，使空间具有层次感。暖色灯光照明可使房间感到温暖，冷色光又可使空间感到凉爽。吸顶灯使空间显得高耸，而吊灯则使空间感觉低矮，一盏水晶吊灯又可使客厅显得富丽堂皇。壁灯造型精致灵巧，光线柔和，装饰效果剧佳。

客厅照明灯具的布置

第三章　　怎样搞清客户的真实需求

如果要想使家装客户的新居出现某种特殊的气氛，而又不愿花太多的费用，无疑，组织好装饰照明是最明智的选择。

家庭装修的照明，往往会结合室内一定的布置来完成。如电视主墙面上的挂画、装饰酒柜中的灯饰、多级暗藏光管的顶面吊顶等。因此，考虑照明，一定要结合具体的装修项目来选择。

精心选择照明方式和灯具

照明灯具的配置和选择，可以创造出特殊的空间环境气氛，对衬托装饰效果和舒适性至关重要，是家居装修的重要内容。

餐厅照明灯具的布置

卧室照明灯具的布置

搞清楚家装客户的投资预算

家装客户的投资预算总是和装修项目、所用的材料以及施工做法联系在一起的。因为牵扯到最后的预算报价，所以这是一个令家装客户敏感的地方，设计师和家装客户都会显得格外谨慎。因此，设计师最好也把这一步问题放到最后，等双方建立了初步的信任后再进行。

设计师要注意的是：一是一定要充满诚意，二是要时刻站在客户的角度来思考问题和说话。无论是高档还是低档装修，都要实实在在地让家装客户明白其中费用高低的原因，做到"明明白白做装修"。

客厅沙发后墙面的照明布置

家庭装修投资应量力而行，以"量入为出"作为基本前提，根据家装客户的经济实力来决定投资的大小。不应盲目攀比，也不该一味地追求材料的高档，更不必把家庭装饰成星级宾馆，缺乏生活气息。投资的多少，可以根据家装客户已经规划的装饰风格、装饰档次、装饰内容、装饰面积、装饰材料，以及色调和照明等综合起来，预估一个总体投资额度，按此规模计划使用。也可以用"看菜吃饭"的方式，按经济能力划定投资额，合理分配，计划使用。

家装客户的心里都有一本账

每个家装客户心理都有一本账，但是一般情况下都不愿轻易透露出，主要是担心会被"宰"。因此，设计师在了解家装客户投资预算时，最好从问他们"要做什么"和"打算怎样做"来入手。

第三章　　　怎样搞清客户的真实需求

快速手绘表现实例 3-3

在设计师接单时，运用快速手绘的方法来搞清家装客户预算是一个行之有效的好方法。设计师在接待一个家装客户时，发现客户总是说"简单一些"，这也不做，那也不做，让设计师很为难。

经过设计师耐心的观察，发现其实这个家装客户并不是不愿意做，而是对现在一般家装公司的设计能力普遍没有信心，担心做出来后很难看。他因此得出一个结论：尽可能少做东西，越做得多越容易难看。

于是设计师当场为该客户手绘了平面布置图，详细分析了原来建筑平面存在的问题，并提出了解决的方法。设计师把平面图无法表示清楚的内容，用立面图或效果图表示出来，说明要装修后的效果和给客户带来的好处。这样，材料、样式一目了然。家装客户很满意，不但最后什么都做了，而且还当场就签了合同。

不管采取何种方法，装修前，总得要预估出一个投资金额，做到心中有数，不能敞口花钱。因为，同样一套住房，可以用 5 万元做装修设计，也可以用 25 万甚至更多的钱来装修设计。

一般来说，一定的装修效果总是取决于一定的装修投入。但是，现实中，也往往会有尽管花钱很多，但装修效果却不理想的，这多数跟设计师的设计水平有关。因此，在预算报价时，用装修效果说话。在装修某项目报价的同时，用快速手绘做出该项目装修完工后的效果，让客户明白消费，"花钱看得见"。

多数家装客户都希望用最少的钱做出最好的装修效果，其实这也不是不可能的。比如在家装中影响投资预算的主要

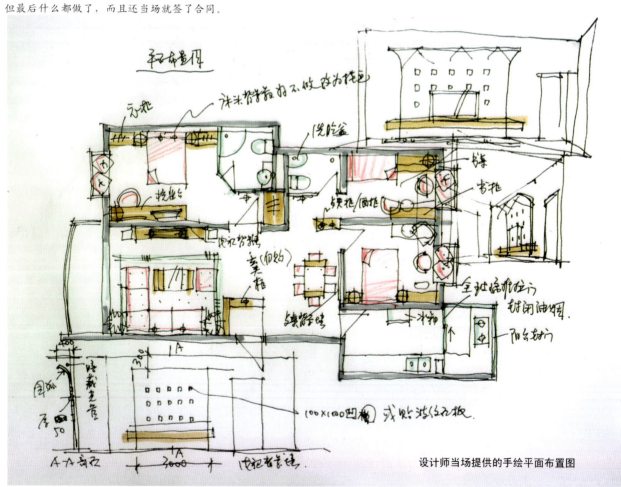

设计师当场提供的手绘平面布置图

第三章　　　　怎样搞清客户的真实需求

是材料，所以要尽可能选择那些较低价格的材料，在色彩和造型设计上多做文章，就会大大节约费用；再比如，尽量不要做大规模的结构调整和改造，少吊顶，少做家具，尽可能买成品，多用软装饰和陈设品，这都能大大节省装修费用。

尽管大多数的家装客户都会对设计师提供的装修预算讨价还价，他们的目的就是为了使最终的装修价格更便宜。但是，不要以为所有的家装客户都是为了图便宜。一些客户之所以讨价还价并不只是为了图便宜，而是想使他们的花费更"物有所值"，他们更注重怎样使家庭装修效果更好，愿意为提高装修的档次和舒适度多花一些钱，这些钱他们本来就准备好花出去的，只是不愿意多花冤枉钱，害怕"被宰"。

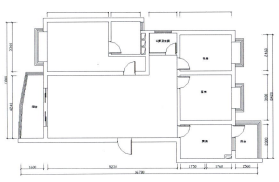

装修前建筑平面图

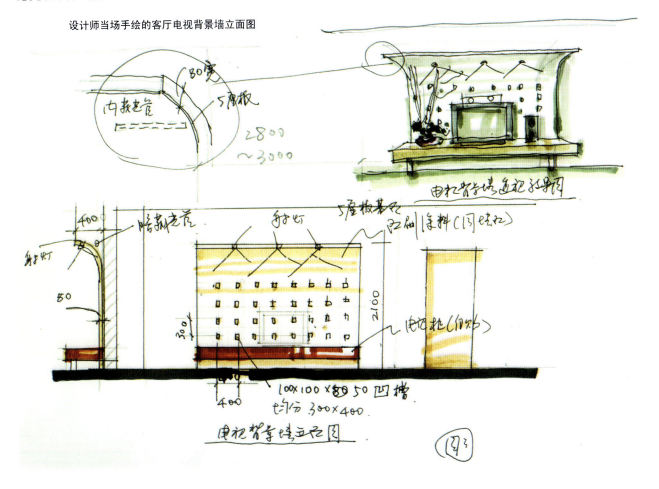

设计师当场手绘的客厅电视背景墙立面图

第三章　　怎样搞清客户的真实需求

家装的电路改造是一个花费数目较多但却看不见的预算。但其实这关系到装修后的使用方便程度以及照明效果，这对家庭装修是很重要的。

该家装客户起初对设计师提出的顶棚吊顶的电气线路改造预算不接受，认为没必要花这个钱。

为说服家装客户，设计师当场不厌其烦地结合吊顶布置手绘了电气布置图，并还专为局部吊顶手绘了效果图。

当家装客户看到后，也不得不佩服设计考虑得周到细致，满意地接受了。

很多设计师把家庭装修的预算报价都错误地理解为一些单纯的数字，当你把这些抽象的数字报给家装客户时，难免会引起家装客户的误解。其实，家装预算报价是跟家装客户的装修项目以及所用的材料档次密不可分的，家装客户所花的每一张钞票，其实都对应着家装客户的每一个装修想法。

设计师在接单时往往会遇到一些客户在设计师预算报价时"这也不想做，那也不做，这也太贵，那也太贵"。这并不代表他真的不想做，只是不知道要做的是什么？到底好不好？如果家装设计师在预算报价时，能用快速徒手画的形式画出与这项报价相对应的装修项目的样式和材料，让家装客户看到所花的每一分钱都用在哪里了，很多关于预算报价这类问题也就会迎刃而解。

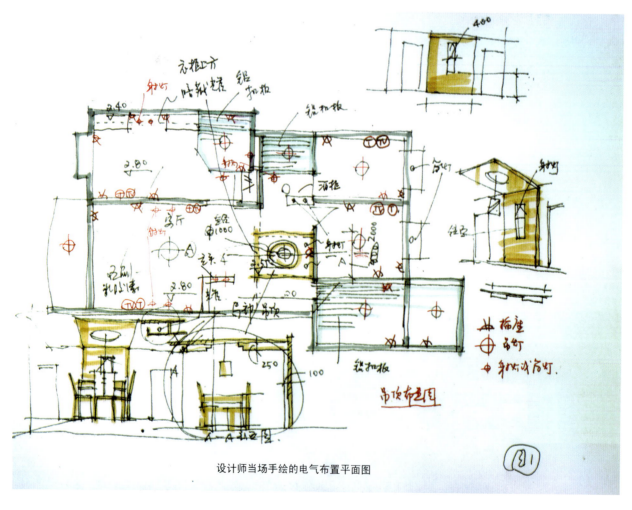

设计师当场手绘的电气布置平面图

第三章　　　　　　　　　　　　　　　　　　　怎样搞清客户的真实需求

卧室的预算报价也出现了同样的问题。起初家装客户不同意做衣柜，打算到商店买。但是看到设计师手绘的卧室衣柜效果图后改变了主意，认为要想得到这种装修效果的衣柜，在商店是很难买到的。

家装客户担心在靠床墙面做衣柜可能会有压抑感。为了进一步说明衣柜的做法，设计师还当场局部做了修改，把厚度调小并用玻璃做柜门，并当场画出了徒手效果图。

设计师当场手绘的主卧室墙面立面图

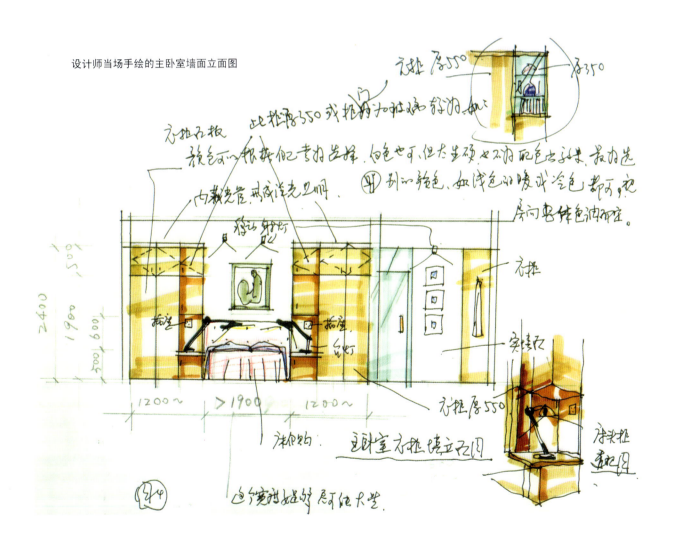

第三章　怎样搞清客户的真实需求

设计师当场提供的手绘餐厅装修效果图

设计师当场提供的手绘主卧室装修效果图

第四章

接单时如何介绍家装方案

不要以为自己的方案好就一定会被家装客户接受，家装方案没有经过设计师的精彩介绍以前还仅仅只是一个方案。方案介绍就像球赛中的运球，要想赢得家装签单成功，锻炼好自己的方案介绍技巧是非常必要的。这时，除了口才好之外，快速手绘是你最好的帮手。

学习要点

1、好的方案是介绍出来的
2、方案介绍前要搞清楚的三个问题
3、设计师怎样介绍家装方案才吸引人
4、介绍方案时怎样调动家装客户的签单欲望
5、介绍方案时要做好哪些准备
6、设计师介绍方案的方法和步骤

家装设计师在为客户精心做完设计、报价等家装方案后，紧接着就要采用适当的洽谈策略与客户进行有效的沟通，刺激客户的签单欲望，说服客户接受这个家装方案，从而签订家装合同。这个工作就是方案介绍。

家装设计师在进行家装方案介绍时，必须遵循一定的原则和技巧，使自己占据有利的谈判地位，这是一种针对客户心理进行说服的艺术。

好的方案是介绍出来的

在家装接单时，要想成功签单，设计师必须通过家装方案介绍。好的设计方案必须经过设计师精彩的介绍才能被家装客户接受，否则，仅仅是方案而已。我们以足球赛为例，接待家装客户就是开球，而介绍家装方案就是运球穿越全场跑向目标区。家装方案介绍和球赛中的奔跑、阻挡及传球活动没有两样。它不见得会赢得这场胜利，但是要想得分却少不了它。富有说服力地介绍你的设计方案价值，处理好介绍过程中家装客户的各种疑问，从而努力地把家装客户带到签单的终点。

提高接单成功率的四件事

家装设计师如果要顺利地签到更多的家装合同，就必须不断地去做四件事情：

首先，要多接单。设计师一定要能接触到正准备做家庭装修的人（家装客户），并且他目前已经有足够的资金准备用于该家庭装修工程。设计师接触的客户越多，成交的可能性就越大。

第二，要接好单。设计师一定要精心为家装客户做好家装方案，而且，通过沟通和交流，发掘出家装客户的真实需求和特殊利益。设计师一定要尽可能地使得你的家装方案可以满足家装客户的问题或需求。

第三，要介绍好方案。家装设计师一定要仔细分析你的家装方案，介绍它是如何为家装客户带来好处的，让客户明白你的家装设计或施工服务是解决他问题的最佳及最经济的方案。

最后，就是最重要的签单。设计师一定要回答好他的剩余问题，并且从他那里获得签单行动的承诺(结案)。

第四章　接单时如何介绍家装方案

你拥有一流的介绍技巧吗

很多家装设计师都自认为拥有一流的家装方案介绍技巧。他们也许不喜欢在家装接单过程中遭遇拒绝，或请求结案时承受压力，但他们都很喜欢和家装客户交谈。大多数的设计师自认为在这方面很高明，却往往表现得适得其反。

首先要了解客户的真实需求

首先要清楚客户的真正需求，尽管这并不是一件容易的事。你介绍的不是单纯的家装方案，你要清楚，家装客户需要的不是方案本身，而是方案能给他带来的效用。实际上，设计师提供的，是一套家装客户面临的家装问题的解决方案。只有把客户的家装真正需求问题搞清楚了，你才能提出正好符合客户需求的解决方案。

设计师不了解家装客户的需求，好比在黑暗中走路，白费力气又看不到结果。

你不仅提供方案，还有未来

你给客户提供的不仅仅是方案，还有未来。你的方案不仅要解决客户面临的家装问题，还要能为客户考虑解决几年后装修时的家庭空间超前预留问题，也就是说，发现和提出随着时代发展和客户的生活变化时他对家庭空间新的潜在需求。这需要你对社会生活发展以及家装客户的生活状况比较了解。

——这些就是你在家装方案介绍中所做的事情。

在家装接单实践中，许多设计师都会认为，有效的家装方案介绍就是去告诉未来家装客户应该签订这个家装设计或施工合同的所有理由。通常他们都会重复教科书上，或背出其他设计师也会侃侃而谈的说明辞令。他们觉得介绍了这么多的优点之后，家装客户应该对自己提出的家装设计方案很热衷，并且一定会签单。这些设计师后来却十分不解，为什么他们最后反而被客气地拒绝，茫然不知家装设计接单是否有任何进展，也不知道自己下一步该怎么走。

介绍家装方案比起其他的家装接单流程更能展现设计师的接单能力。当你介绍家装设计的时候，你是"站在舞台上"。当你开始介绍时，就进入了设计师接单的"竞技舞台"。你只能仰赖自己，你介绍出来的事情会对你有利，而忘了介绍的事情则对你不利。你的任务就是要去规划、组织、准备、练习，以及演练家装方案介绍技巧至炉火纯青的地步，让你能信心十足地认为，有一桩家装生意等在那里，只要你有机会去做介绍，必然手到擒来。

方案介绍前要搞清楚的三个问题

设计师怎样才能让家装客户接受你的设计方案呢？我们必须首先清楚是什么吸引客户，以及客户为什么要接受你的家装方案等问题。

1、家装方案哪里吸引了家装客户

许多家装设计师会认为，客户需要的是我们的设计方案，这种说法是错误的。是报价表吗？同样也不是。那么是什么吸引客户呢——这就是该家装方案能给客户带来的利益，或者说是家装客户委托你做家装能给他带来的好处。明白这一点，是提高设计师接单成功率的一个关键因素。

2、客户为什么接受你的家装方案

我们已经知道，家装客户需要的不是方案本身，而是家装方案带给他的好处或利益。因此一个家装设计师介绍的不应该是纯粹的方案，而应该是你的方案带给客户的利益。

第四章　接单时如何介绍家装方案

想想吧，我们为什么买锁？——我们是买的一种安全；我们为什么买车——因为车能带来时髦、威风和地位；为什么有人花28万买一套红木家具——因为这是一种身份、一种地位。

家装设计师介绍方案应当集中在客户的诉求上，这是一个发现、创造、唤醒和满足客户需求的行为。

3、你的设计方案能否满足客户的需要

设计师在介绍方案时一定要重在自己的方案能满足客户什么样的需要，要看看能解决客户什么样的问题，把自己的产品看成是满足客户的手段，看成是解决客户家装问题的方法。

许多设计师常犯的错误是"特征介绍"——把方案的特点介绍得清清楚楚，唯独没有介绍这些特点能带给客户什么样的好处。家装设计师赢得客户签单的可能性，与你向客户讲述利益时的努力是成正比的。

你不仅提供方案，还有友谊

你给客户提供的不仅仅是方案，还有友谊。如果你能成为为你的家装客户提供最新家装信息的人，无论你们之间能否成交，你的客观性与真实性都会在客户心目中留下很深刻的印象。

如果你能不断地提供这方面的消息，你的客户会把你当作他的家装智囊看待，你的成功就是不言而喻的事情。

设计师怎样介绍家装方案才吸引人

1、向家装客户介绍方案的利益点

家装设计师在为家装客户介绍家装方案时，一定要明白我们将要给客户带来什么样的利益。你的方案中一定要充满利益。一般包括：

①设计师带给家装客户的利益

所谓利益就是设计师提供的家装方案带给客户的利益，比如你的客厅电视墙设计多么独特而让客户很有品位，你的报价多么合理而为客户节约大笔开支，等等。这是设计师带给客户的最大利益。

②家装公司带给家装客户的利益

企业利益就是家装公司带给客户的利益。如果家装公司是一个较大的公司，知名度高、重信誉以及在客户心目中的形象较好，那么家装客户就会愿意跟家装公司打交道。家装设计师在介绍方案时，应该解释清楚我们的公司能带给客户什么好处。如"我们是建设局惟一认定的绿色环保家装公司"，绿色环保，这就你的公司能给客户带来带来的利益。

介绍方案要达到三个"放心"

家装设计师介绍方案时要想让家装客户顺利签单，必须要达到"三个放心"。如果三者之中的一个不放心，签单往往就不易成功。

一、对家装方案（设计和报价等）放心；

二、对家装公司放心；

三、对家装公司的设计师放心。

一般来说，家装客户接受设计师的家装方案的过程一般是先接受家装公司，再接受家装设计师，最后接受你的设计方案。

这就是为什么今天越来越多的家装公司非常强调建立良好的企业形象。

第四章　接单时如何介绍家装方案

③ **家庭装修的差别利益**

所谓家庭装修的差别利益就是与竞争对手相比他们所不具备的利益，就是用一些别人没有的东西来吸引客户。

差别利益是家装设计师吸引客户的关键因素，也是家装公司在竞争中取胜的关键。

如何找出家装方案的差别利益呢？一般来源于三个方面：一是设计差别，就是我们的方案做的与众不同；二是服务差别，就是我们的服务是对手没有的和支付条件更优惠；三是人员差别，就是家装设计师的差别，这是差别利益的重要来源。如果家装设计师在介绍时能够找准客户的问题，能够和客户沟通良好的话，我们就有了差别优势，就能吸引客户。

2、充分了解家装客户所关心的利益点

家装设计师一定要记住，利益是相对而言的。也就是说，对这些家装客户来说，它是个人利益，但对另外一些客户来讲就不一定。

因此，光有利益不行，还要了解家装客户的喜好，懂得客户的心理。你的家装方案具有 10 个、20 个优点并不重要，关键是家装客户关心的不是你的方案的哪个优点，他关心的是你的方案带给他的某一个利益 —— 你介绍一个这种利益比你介绍 10 个优点更能打动客户。只要家装设计师 能够根据家装客户的心理来介绍方案，就能打动客户。

快速手绘接单实例 4-1

这是一套跃层式的住宅装修，业主是一对事业有成的年轻夫妇。很现代，富有年轻人的时尚感。

这是一个颇具现代感的跃层式大户型家居。

充分利用跃层式住宅的功能分区明确的特点，低层由公共活动区和家政区和家人居住区组成，上层是主人活动区。整个空间面积配置合理，动线流畅，虽然在复式住宅里面积不算大，但仍不失为一个难得的选择。

客厅是时尚的中空设计，带有一个宽敞的阳台，更显得视觉空间高大开阔，中央设立的旋转楼梯画龙点睛，充分反映了复式的生动、豪华和气派。12m² 的厨房是一个十分出彩的地方，其位置也极大地避免了对其他活动的干扰。上层主卧室配置齐全，小环境优雅舒适，使用方便。

设计师在接单时，首先就家装客户针对原建筑空间的特点及存在的不足进行初步分析。如客厅不气派，和厨房联系也不方便，主卧室面积偏小，主卫生间使用不方便等。

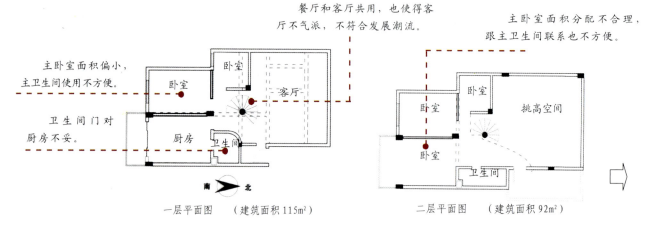

原建筑平面图

第四章 接单时如何介绍家装方案

3、把方案的特点转化为客户利益

家装方案具有什么样的特点是一目了然的,你一看就明白。家装方案平、立面图怎样,电视墙造型是什么样,材料如何,颜色如何,报价如何,这些你一看就明白了,但是这种平面、造型、颜色、报价,它能带给客户什么样的利益呢?这就需要我们设计师去思考、去分析,如何把家装方案的特点转化为客户利益呢?

一般来说,设计师首先要分析一下我们的家装方案的特征,找出家装方案的所有的特点;然后分析每个特点有什么样的优点;最后再分析每一个优点能产生什么样的利益。在分析过每一个特点能够带给客户什么样的利益后,再找出证据来证实我们产品确实具有这种利益。这样,家装设计师的口袋里就装满了客户需要的利益,你就是一个给客户送利益的人,签单还不容易吗?

设计师当场为业主手绘的平面布置图,并逐点分析了方案所解决的原建筑平面的不足之处,以及能给该家装客户带来的利益点。

在接单时,充分了解家装客户所关心的利益点,并用手绘的方法,把方案的特点转化为客户利益点非常重要。

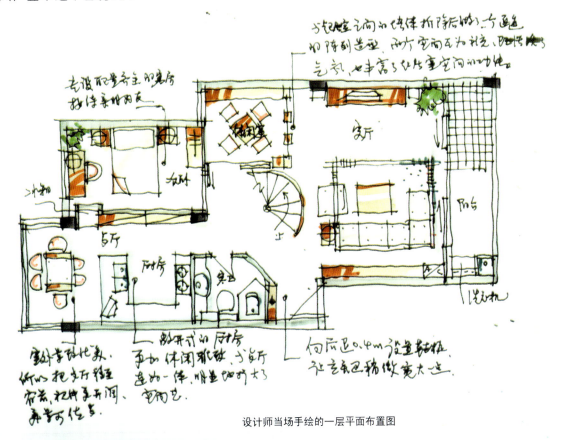

设计师当场手绘的一层平面布置图

第四章　接单时如何介绍家装方案

介绍方案时怎样调动家装客户的签单欲望

家装客户可能受惠于你的家装方案，但这并不表示他一定会向你或向他人签单。家装客户可能需要你所设计的家装方案，但这种需要可能并不强烈。若要让家装客户签单，他的需求一定要很强烈，你的家装方案一定要是最好的选择，而家装客户一定要被说服，在他跟你签单之后所得到的好处和利益绝对远超过跟别人签单。

就像侦探破案要善于发问一样，家装设计师介绍方案时的武器就是开口发问。开口要求实地会面，发掘问题，**让家装客户发现使用你的家装方案前后的差异**。于是，你能让他了解拥有并享用你的家装方案之后，他的情况会变得有多好。

设计师在介绍家装设计方案时，一定要通过发问让家装客户了解他未使用你家装方案前的状况（他的目前现况），以及

设计师介绍方案要善于发问

家装设计师了解家装客户的真实需求最好的方法就是通过发问。这时候，设计师的任务，有点像警探寻找线索一样，要找出家装设计或服务可以圆满解决的问题所在。你的家装方案就像是一把钥匙，向家装客户介绍方案就是为了要寻找钥匙能够打开的锁。在家装客户开发阶段，是把钥匙插进去是否合适；在家装方案介绍阶段，就是旋转钥匙去开锁；在结案阶段，是扭转门把，将门打开。

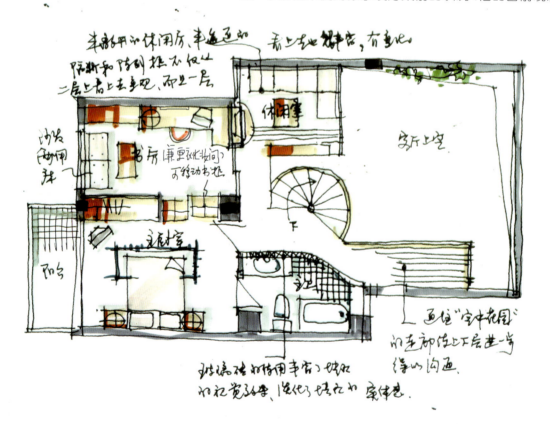

设计师当场手绘的二层平面布置图

第四章　接单时如何介绍家装方案

用你的方案装修完工之后可能达到的状况（他心目中的理想状况）。这位家装客户一定要了解到他有一个尚未被满足的需求，或是一个尚待解决的问题。他一定要感觉到现况和理想的差异有多么大，而警觉到应采取行动。

签单欲望与家装客户目前的需求强度，以及你的家装设计解决问题的明显程度成正比。要使家装客户从冷漠、心动，继而发展到热衷的程度，都是经由巧妙的问话技巧来凸显这种差异，进而扩展到家装客户觉得非签单不可的程度。

如果你能想像家装客户有一种签单"体温"，而这种"体温"必须达到沸点才能够让他签订你的家装设计，你就必须竭尽可能地提高这种温度。

每次设计师介绍一项优点而家装客户也认同这点很重要时，他的签单"体温"就上升了；每次当家装客户对你的介绍段落表示肯定时，他的签单体温就上升了；如果你的引导技巧高超到家装客户了解并同意你的每一步骤，他的签单体温往往会升高到使他脱口而出："要它！我多快能看到它？"

这是家装客户和设计师一起制定的装修设计计划。

让客户参与到方案设计过程

当你能够让家装客户参与到家装设计介绍的流程，请他一起修改和设计方案，让他提供一些意见，并且当场为他做出新的设计方案，并画出效果图来，他的签单"体温"就会上升。

家装客户参与家装设计介绍同承诺结果之间会有直接的联系。家装客户在方案介绍时参与的行动越多，后来就越有可能签单。他的行动会间接证明，签订这个家装设计方案合同是个不错的主意。

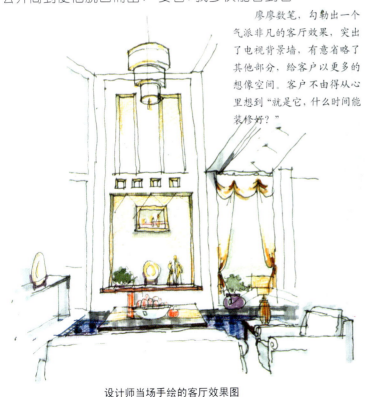

廖廖数笔，勾勒出一个气派非凡的客厅效果，突出了电视背景墙，有意省略了其他部分，给客户以更多的想像空间。客户不由得从心里想到"就是它，什么时间能装修好？"

设计师当场手绘的客厅效果图

向家装客户显示出你的实力

当设计师向家装客户介绍你的设计实力及方案优势，以及你们已经有多少满意的家装客户时，你就提高了家装客户的签单体温。

当你出示其他满意家装客户对你的家装方案价值和优良品质的赞美函时，家装客户的签单"体温"就会上升，他会更相信你所说的话，从而使签单的抗拒及犹豫心态下降。

第四章

接单时如何介绍家装方案

图为原中国建筑装修协会会长为深圳家装企业颁发题写的赞誉

借助名人的优势和力量

借助与你提供家装服务价值及品质相关的故事、见证、权威人士评论，可以增加你家装接单的优势和力量。当潜在家装客户相信你和你所说的话之后，他天生的怀疑心态和不情愿的态度就会改变。

到了家装方案介绍的尾声，假如你表现妥当，家装客户就会蓄势待发地要采取签单行动了。

让家装客户的签单体温上升还有一种方法。你能够从报纸剪报、杂志报导、消费者报导之类的媒体来源提出你公司的家装各种服务值得信赖的推荐之词。你也可以给客户看一些流行时尚的生活杂志，指出你所做的设计方案正是目前最流行和时尚的东西。当一个外界颇受尊重的权威机构或人士把你的家装设计方案和其他设计师的家装设计方案做比较，并给你高分的时候，这就可以让家装客户的签单"体温"上升。有些人只会在家装设计方案通过可靠的第三者鉴定并获高分之后，才会去签单。

展示相关报纸的赞誉报道资料

介绍方案时要做好哪些准备

家装设计接单是一场心理战，家装设计师并不是像泥水匠一样靠拆墙砌砖谋生，而是靠自己的头脑思考。你的库存就是你对家装设计方案的知识，以及你知道如何运用它们来解决家装客户的装修难题和改善家装客户的工作和生活。就像医生一样，你运用知识帮助患者（家装客户）解决困难的能力，就是你的家装设计接单能力。你对这些知识的运用技巧越娴熟，能签订的合同就越多，赚钱也就越多。

要成为客户心目中的专家

家装设计师接单高手一定要把自己武装成家装设计或装修施工服务领域中的绝对专家。他们会不断研究和学习，阅读有关家装设计的书籍、杂志及文章。他们会尽可能地参加各种课程及研讨会，他们绝对不容许自己被问到所做的家装设计或施工方案时，不能巨细无遗地回答。金牌设计师接单高手最引以为傲的就是，他们在家装方面的知识渊博，无人可及。这应是家装设计师能否在行业里成功发展的基础，也是家装设计师能否成功签单的保证。

1、对家装问题了如指掌

介绍家装设计的第一项工具就是家装知识。你一定要对家装方面的知识和技能有彻底的了解，一定要精通家装设计、施工与材料的每项细节，你必须成为客户心目中的家装专家。各个居室的空间功能是如何安排的？空间的序列组织和动态流线是如何处理的？色彩和风格特点如何？哪些地方的处理有与众不同的特色？怎样发挥它们的作用？怎样为家装客户节省空间和费用？这些安排和处理会给家装业主带来什么好处？

你也必须彻底熟悉行业内竞争对手的家装设计水平，要

第四章　接单时如何介绍家装方案

知道自己和谁在做家装设计竞争。你必须知道，与你的家装方案比较起来，它们相对的优点和缺点在哪里。你要对整个家装行业了如指掌，并且知道现在的家装设计行业应如何发展和定位，好让家装客户将你视为相关行业中最佳的家装设计师人选。

2、对家装客户的充分了解

你在做家装方案介绍时，需要的第二项工具就是对家装客户的了解。也就是说，你必须对家装客户的处境有深刻的了解，并且知道如何用你独特的家装方案来帮助他达成目标和解决问题。

对一个家装客户而言，最大的恭维莫过于让他知道，你在和他见面或提出方案以前，已经花了很多的时间和工夫去了解目前他的家装问题，以及如何用你的家装设计帮助他解决。反过来说，家装客户最恼怒的莫过于此，设计师在还没有花时间充分了解他所面临的处境之前，就坐下来建议客户家装设计方案应该如何如何。

对客户的了解决定你的收入

设计师在提出和家装客户见面看方案前，一定要事先准备，千万不要冒险。对家装客户的了解是你重要的库存品。它是你家装设计接单的重要部分。对家装客户了解的品质和数量会决定你的收入及其他要素。

设计师介绍方案的方法和步骤

一旦你建立起高度和谐及相互信任的气氛，并能清楚识别出家装客户所有的主要问题和需求时，就可以开始进行家装方案介绍了。不论你此刻是否已发现家装客户的热钮，你都会从家装客户的反应中机警地看出是否已触及他的主要问题。你现在可以正式开始做家装方案介绍了。

1、家装设计介绍的基本方法

最好的开始方式就是重新确认一遍你和家装客户共同定义出来的问题和目标。"某某先生，你的主要目的是希望能同时兼顾设计要有特色但花费又不要太高。我这样说对吗？"

在你开始做家装方案介绍前，一定要向家装客户确定，你所说的和他考虑的是同一件事情。假如你们两个人之间并没有达成共识，就会各吹各调，玩不同的游戏。

你的家装设计说明应该由一般的主题谈到特别事项。应该在一开始就解说你家装方案的设计如何能解决特殊问题或满

不要一路讲到底，要随时得到客户的肯定

没有经验的设计师在做家装方案介绍时，往往从开始就匆匆忙忙一路讲到底，而没有请家装客户提出意见。

有经验的设计师接单高手会把说明流程分成好几个单元，他们会请家装客户提出意见，并尝试获得结论，为每个单元划下完美的句号。

尝试获得结论只需回答"是"或"不是"，而毋需让介绍流程停顿的问句。尝试获得结论，通常又被称为"阶段检查结论"，举例如下：

"你听起来觉得怎样？""到目前为止还了解吗？""这项特别功能对你目前的家庭生活有用吗？""你喜欢这种颜色吗？"，"这个设计对你目前的情况有帮助吗？""这是不是你们目前想要的东西？"

第四章　接单时如何介绍家装方案

足特别需求。你可以解释你对客户的这种情况的各种不同的解决方案，以及你为什么最后认为这项家装设计和服务是所有方案中最好的。

重要的是，设计师必须在这个方案介绍流程的每一阶段时刻判断和确定听众的态度，如"我明白了"或"我也是这样想的"等等。

当你从一般事项解说到特定的重点，也就是从一般人易懂的简单事实和观察，逐渐解说到家装客户同意签单前必须先了解的更复杂和特殊的状况时，你必须在每个阶段都询问家装客户，以确定你们两个没有鸡同鸭讲。一旦家装客户变得不情愿或犹疑不定时，你就要暂停说明并且问道："你对这点有何疑虑？"

一般家装设计师高手成功介绍家装设计方案的基本法则可浓缩成三点，即："展示、说明、发问"。让家装客户看到某种特点和功能，说明这些东西对他们有什么好处，并且用问题来测试这种特别的好处是否对他们很重要。家装设计介绍最好的方法之一，就是把每一重点都写下来，或者依据预先写好的提纲逐项介绍、说明和发问。

我们已经知道，特色会引发兴趣，而利益会引发渴望。当你描述家装设计方案功能的时候，一定要同时为家装客户解说他的利益何在，也就是去回答这个问题，"这对我有什么好处？"

最后，每当你询问家装客户的时候，不管是在每个段落还是整个会谈结束之时，或是在一个很重要的咨询之后，你必须完全保持沉默，直到家装客户回答为止。有时候，家装客户在考虑如何正确回答的时候，他的思绪如脱缰野马。你必须耐心等待他的答案。否则，你根本就没有发问的必要，而这些问题也会在家装设计接单对话中完全失去其力量和效果。

2、家装方案介绍的三个步骤

一般家装设计师介绍家装方案不外三个简单步骤：①介绍家装设计功能；②介绍家装设计利益；③最后要介绍家装客户的利益。家装设计的功能就是能够达成某种特殊效用的家装设计；家装设计利益就是为什么你的家装设计会比别人的

提问后一定要学会保持沉默

进行家装设计方案介绍对话时，你必须安于沉默。

当人们被询问的时候，他就处于一种要回答的状况之下。这是从婴儿就养成的习惯。他可能并不会大声的回复，但也会在心里自我回答。假如发问者有很长一段时间不说话，对方最后一定会出声回答的。

然而，遗憾的是，许多设计师都做不到，往往都会忍不住先开口。

大部分的设计师都因为紧张不安而滔滔不绝，让家装客户没机会去吸收这些被陈述出来的资讯。

在提问后保持一定的沉默，等待对方的反应。当然，这需要一定的功力，要经过一些训练。

第四章　　接单时如何介绍家装方案

家装设计好处更多；而家装客户的利益就是"对他有什么好处"，他个人如何采用这个家装方案而变得更好。你应该用这些字眼："由于这个……你就能够……也就是说……"

　　介绍家装设计方案最重要的一部分就是接在"也就是说"后面的叙述。你要不断地把你家装设计的功能串联到你前面所说能让家装客户享受并认为重要的特殊利益。比如，当你介绍完主卧室卫生间全透明的玻璃隔墙的特点时，你可以接着说："也就是说，当你们入睡前沐浴时，那种浪漫的视觉享受，感觉是多么美好啊"。"也就是说"可以回答家装客户没有说出口的问题："那又如何？"

　　叙述设计方案功能而不谈家装设计利益，或者只谈家装客户没有兴趣的利益，是扼杀家装设计对话最快的方式。这就是为什么你必须不断地去介绍、说明，并且发问。一定要定期从家装客户那里获得回馈，好确定你们仍然站在同一频道上交谈。

　　在做介绍时，假想的力量是非常有威力的。一定要不断地谈到家装客户开始使用你家装设计之后会多么快乐，来发挥假想的力量。这是一种"谈论售后状况"的形式，它的理论是基于家装客户的签单决定通常是由于期待能使用并享受你的服务所带来的快乐。当你栩栩如生地描述他们签订你的家装设计之后将体验到的快乐，他们就会身临其境地想像那种情景了。

　　这种积极而假想性的陈述非常重要，所以你必须预先做好规划及演练。做介绍的时候，你的目的就是要引导家装客户开

　　介绍方案时，用快速手绘来表达该方案给家装客户带来的好处很重要。举例来说，设计师为家装客户设计的儿童房双人床方案时，当你介绍这种降低床面高度的地台床特点时，你可以说："你的一双孩子在这样的床上睡觉一定会很安全，你也可以从此再不必担心小孩掉下床而能睡个好觉了，而且睡得香甜。""你的小孩一定会喜欢这种宽敞有趣的床，尤其是可以无拘无束地在上面蹦蹦跳跳地玩耍"。

设计师当场手绘的儿童房效果图

第四章　接单时如何介绍家装方案

始考虑使用你的家装方案，并签订家装合同。一定要用栩栩如生、感性的影像去描绘装修完工后家装客户能享受到的快乐和满足，让家装客户"身临其境"，陶醉其中。

设计师当场为家装客户快速手绘的餐厅效果图

在做介绍时，假想的力量是非常有威力的。因此，当你在介绍一个餐厅墙面餐具柜设计方案的时候，如果设计了一个水族箱，你可以说："在这里放一个水族箱（家装设计功能），就像放了一个山水画（家装设计的利益），而且水也可以生财，对风水也很好。也就是说，全家人一起吃饭时不仅可以欣赏到乐趣，而且水还可以给家人带来财富（家装客户利益）。"

你的家装设计一定会有弱点，而你竞争者的家装设计也一定会有优点。那么怎样介绍自己设计方案中的不足之处？首先，不要害怕把它们指出来。你应该假定家装客户一定会请你与竞争最激烈的对手举办一场完整的家装设计说明会，而对方一定会全力数落你家装设计的缺点。一般来说，设计师可以首先承认，但同时要指出，基于家装客户真正的需求，这些弱点其实并不重要。聪明的设计师会随即指出，家装客户反正不会需要用到那些额外的功能，为什么要多花冤枉钱呢？

有时你也可以事先告诉家装客户，你的设计方案可能在某些方面比竞争者弱一些。当你事先告诉家装客户，你的家装设计可能在某方面比竞争者弱一些，竞争者在介绍会中攻击你这项弱点的效果就会徒劳无功。这种方式能够针对竞争者最强势之处给予下马威，但是你必须事先准备妥当。

第五章

家装接单时预算报价的技巧

家装客户一方面通过设计师的预算报价来掌握自己家装投资的多少,而且还通过报价单来把握装饰公司的可靠程度。设计师在给家装客户预算报价时,如果能用手绘的方法,让家装客户对所花的每一分钱看得见,这会大大提高接单的成功率。

学习要点

1、怎样处理家装客户的价格问题
2、家装报价时应注意哪些问题

一般情况下,家装客户签订委托设计协议之后,家装公司的设计师会先做方案设计,绘出平面图,做出初步报价;然后经业主修改认可后,做详细设计,并做预算报价;最后再经业主修改、确认后,签订施工承包合同。

在快乐家装设计接单中,设计师为家装客户做预算报价时,应注意以下几个方面的问题。

怎样处理家装客户的价格问题

1. 找出家装客户侃价的真实原因

① 怕吃亏,想付更少的钱得到更好的家庭设计或装修,这是很自然的;

② 想超过其他家装客户,以便低价格成交以显示才能;

③ 想在讨价还价中击败设计师,把对方的让步看作自己的胜利;

④ 不了解该装修方案的价值,想通过讨价还价摸清虚实;

⑤ 想重请另一个家装公司装修,他设法让设计师削价,只是为了向第三者施压;

注意预算报价的时机与技巧

设计师在向家装客户报价时应该有技巧地提出你的预算报价。

如果家装报价表在价格上没有优势,也就是说,你的价格比其他公司同类装修价格高,你要特别注意提出价格的时机与技巧。如果你一开始就提出你的价格,很可能客户马上就被你的价格吓跑了。

在家装客户第一次询问价格时,不要告诉他,继续你的方案介绍,把你的方案的优点充分展示出来,并且可以告诉对方竞争对手的家装特点与价格,让你的客户产生一个感觉,即:你提供的家装服务是高质量的,高质量必然有高价格。

这时候,你才可以说出自己的价格。当你说出价格的时候,你的客户已经做好了听到一个高价的准备。如果你说出的价格跟他预期的差不多,不会对他造成太大的冲击;如果你说出的价格比他预期的还要少,他甚至会感觉"真不贵!"

第五章　家装接单时预算报价的技巧

让客户感到报价物有所值

假如你的价格比较高，一定不要让家装客户产生这种感觉，要让家装客户觉得，即使你的价格高，那也是非常有道理的，并且与你签订家装合同是非常"值"的。

客户嫌报价太贵，怎么办？

如果你的家装客户说："太贵啦！"你应该感到高兴，因为这表明他希望跟你签订家装合同。

其实，你应该清楚地明白，一个家装客户，如果对你提供的家装方案有兴趣，要考虑的问题只有两个：它能够为我带来什么？它需要花费多少钱？

如果家装客户对第一个问题有了满意的答案，才会考虑第二个问题。想想你买东西时的心理是不是这样呢？

你应该暂时不要理会对方的质疑，继续你的陈述，把你的设计方案或报价的优点说得充分一点，你的客户会自己了解，你的价格之所以定得比较高，那是因为有这些优点，他会给自己一个解释的。

如果你的家装客户第二次提出你的预算报价比较高，你就应该认真对付了。你必须确定，家装客户的问题在哪里，你才能做出正确的反应。

提高价值，而不是降低价格

如果家装客户对单价有异议，这就正式开始进行价格谈判了。

这时，设计师要抓住机会，仍然要着力阐述你的方案的价值——提高你家装方案的价值而不是降低你的价格。

⑥根本不打算请你做装修，而是以价格太贵作为借口。

如果对方确定真的是钱的问题之后，你已经打破了"我会考虑一下"定律。而此时如果你能处理得很好，就能把生意做成，因此你必须要好好地处理。询问家装客户除了金钱之外，是否还有其他事情不好确定。在进入下一步接单步骤之前，确定你真的遇到了最后一道关卡。

但如果家装客户不确定是否真的要签单，那就不要急着在金钱的问题上去结束这次的交易，即使这对家装客户来说是一个明智的决定。如果他们不想签单，他们怎么会在乎它值多少钱呢？

2. 跟家装客户侃价的方法

①先谈价值，后讲价格

设计师在接单过程中，要避免过早提出或讨论价格。应等家装客户对你的家装设计或服务的价值有了起码的认知后，再与其讨论价格问题。客户对你的家装设计签单欲望越强烈，他对价格问题考虑的就越少。设计师不应主动提及价格，当客户询价时，设计师可以说："这取决于你选择什么样的档次和风格"，"那要看你有什么特殊要求"。即使设计师要马上答复客户的询价，也应是建设性的。"在考虑价格时，还要考虑装修的质量和寿命"。在作出答复后，设计师应继续进行介绍，不要让客户停留在价格的思考上，无论什么时候提出价格都应先说明家装设计的价值。

②将家装客户注意力引向相对价格

设计师应努力将家装客户的注意力引向相对价格而不过多地考虑实际价格。所谓相对价格，就是与价值相对的价格。一般地说，设计师不应与客户就价格论价格，而应使客户认识到商品的价值，即家装设计方案能使客户得到哪些好处，获得什么利益。"便宜"和"昂贵"带有浓厚的主观色彩。同一设计方案，有的认为昂贵，另一些人可能认为便宜，当客户迫切需要某种东西的时候，他就不会过分地计较价格。设计师要有办法让客户认识到你的设计方案正是客户所迫切需要的。

第五章　家装接单时预算报价的技巧

③向客户证明家装价格的合理性

如果客户认为竞争对手的价格合理，你的价格太高时，你应说明价格不同的原因，如因为竞争对手比本公司规模大或小；如果客户想用其他公司的廉价设计方案来代替你的设计方案，设计师应设法将两种方案对比，说明本方案能给客户带来特殊享受："考虑一下你每天在书房的感受，这六毛钱又算什么呢？"

往往用报价来考察可信度

一般情况下，签订委托设计协议之后，装饰公司设计师会先做方案设计，绘出平面图，做出初步报价；经业主修改认可后，再做详细设计，并做预算报价；再经业主修改、确认后，最后签订施工承包合同。

家装客户一方面通过装饰公司的预算报价来掌握装饰工程投资的多少，一方面还通过报价单来把握装饰公司的信任程度。因此，如何编制装饰工程预算报价表，关系到家装客户是否能够顺利签单；同时，也与装饰工程的质量密切相关。在快乐家装设计接单中，设计师编制报价时，应掌握一些报价的技巧。

工程报价表（综合报价实例）

工程费用是综合计算的　　C = A + B

工程报价表

工程费用是分项计算的

家装市场的两种报价形式

目前的家装市场存在两种报价方式：

一种是所谓"定额报价"；一种是所谓"综合报价"。定额报价的概念一般是指报给业主的装修项目的价格是成本价（也即定额价格），不包括公司的管理费、利润、税金等费用，因此报价时应该加上这些费用；综合报价的概念一般是指为报给业主的装修项目的价格是包括了管理费、税金等市场接受的价格，因此报价时不需再加上这些费用了。

家庭装修的报价相对于其他公装比较不规范，各地区和各公司报价的形式和内容都不相同，也并不是真正严格意义上的装修工程报价。目前大都越来越趋向于综合报价。

第五章　　　　　　　　　　　家装接单时预算报价的技巧

最好多准备几套报价方案

如果确实是家装客户财力上无法承担，那么，你需要提出一个对方能够承担的构想，对方能够承担得起的家装设计和报价方案。

你一定要在会谈之前设想好，肯定会在价格上面存在分歧。几乎没有一个家装客户，看见价格合适，基本上不谈论价格，就决定签单的。你应该准备好几套不同的方案，可以随时拿出来。

竞争对手价格便宜怎么办

如果竞争对手的价格确实比较便宜，你应该怎样处理这样的情况呢？那么，你们的价格为什么就那么高呢？可能的原因是：你们的施工质量更好，你们的材料使用寿命更长，你们的家装保修和维护等售后服务更周到，你们的方案在设计上有过人之处，等等。强调这些优点，大力强调这些优点。

我们知道，家装客户固然想要便宜的东西，但一般而言，也不想要最便宜的东西，特别是像家庭装修这样"大兴土木"的工程。你只要把自己的优点强调充足了，客户都能接受。

尽量把方案做成独一无二的

尽量把你的设计方案做成独一无二的，根本就没有参照的对象，你的家装客户根本就无法直接说出你的家装报价怎么样高。

一般来说，在家装设计时，这很容易做到。动一番脑筋，给自己的家装方案添加一些新鲜的构想，让家装客户到哪里都找不到同样的东西，也就是说，实行个性化设计、个性化施工或个性化服务，那么你开出的价格就是惟一的价格。

④用不同档次装修的价格报价

把一种装修档次高的装修价格跟你要报的装修价格做比较，它的价格就显得低一些。因此，设计师在报价时，最好多准备几套预算报价表，其中有装修档次高，因而价格较高的报价；也有装修档次一般，因而价格适中的报价。这样，家装客户有选择的余地，而且也会使你报的价格显得比较容易接受。

⑤引导客户正确看待价格差别或从另一角度讨论价格

每一个装修项目的报价都不要孤立地看这个价格贵或者便宜，它是和一定的装修材料、工艺做法和相关的服务相关联的。同样的样式，如果材料不同，价格会相差很多。如橱柜的价格，因材料不同，价格从350～1200元/米不等，价格高低竟相差一倍。相反，同样的材料，如果样式不同，因施工的工艺不同，价格也会相差许多。例如，普通木门和豪华的雕花木门，材料相同，但工艺和做法不同，价格也会相差许多。

⑥积极运用补救办法

如果你的装修报价确实很高，你应该向客户强调所有其他可以抵消价格高的因素。这是一种好办法，也是惟一的办法。当客户对价格提出反对意见时，你不应稳如泰山，一言不发，而应该予以反驳。如果你准确地了解顾客不想签单的真正原因，那就应该将方案的所有优点一并列出。

⑦喊价要高，让步要慢

借着这种方法，设计师一开始就可削弱客户的侃价信心，同时还能趁机试探对方的实力并确定对方的立场。不过喊价高务必合理，一旦使客户认为你是没有诚意，就会轻率地毁了整个交易。通常情况下，倘若设计师喊价较高，则往往能以较高的价格成交。如果你的设计确实能满足客户的某种需要，它能经得起其他设计师的比较，那么熟练掌握了上述方法后，在与对方讨论价格时，就用不着担惊受怕了。

有种人对讨价还价好像有特殊的癖好，因此有必要满足一下他的自尊心，在口头上可以做一些适当的小小妥协。

第五章　　　　　　　　　　　　　　　家装接单时预算报价的技巧

4. 让家装客户花的每一分钱都看得见

很多家装客户跟设计师侃价，并不是要一味的省钱。因为他们来装修前，事前都准备好了这份钱，就是要花出去的。尽管设计方案中的图纸和合同已经说得很清楚了，但是他们心里还是没有底。到底将来装修完工后会成什么样子？他们往往只是担心自己的钱被"乱"花了，花"冤枉"钱了，或者被"宰"了。因此，这时如果设计师能在报价的同时，用手绘的方法把设计图纸用效果图的形式画出来，让家装客户——都看得见。这就大大增强家装客户的签单信任度，提高设计师接单的成功率。

快速手绘接单实例 5-1

我们所讲的这些预算报价的方法和技巧，报价或高或低，设计师在接单时，都不能只是单纯地去罗列一些"数字"，而应该结合每个数字后面具体的、实实在在的装修项目内容。这就需要设计师运用快速手绘的方法画出装修后的效果来，让家装客户看得见，摸得着，就像去商店买东西一样。如果设计方案是一个深得客户喜爱的新颖别致的电视背景墙，而且是活生生地立在面前，设计师根本不用担心客户不尽快掏钱买单；而如果他们对设计师的设计方案只是模模糊糊的想像，那让他们尽快掏钱的确是件不容易的事。

这就要求设计师能掌握当场手绘的技巧，把自己设计方案中的这些"利益点""翻译"成相应的彩色效果图（这就是所谓的"完工预视"），往往要尽可能栩栩如生，具有较强的艺术感染力，让家装客户的想像看得见。

设计师当场手绘的客厅透视效果图

第五章　　　　家装接单时预算报价的技巧

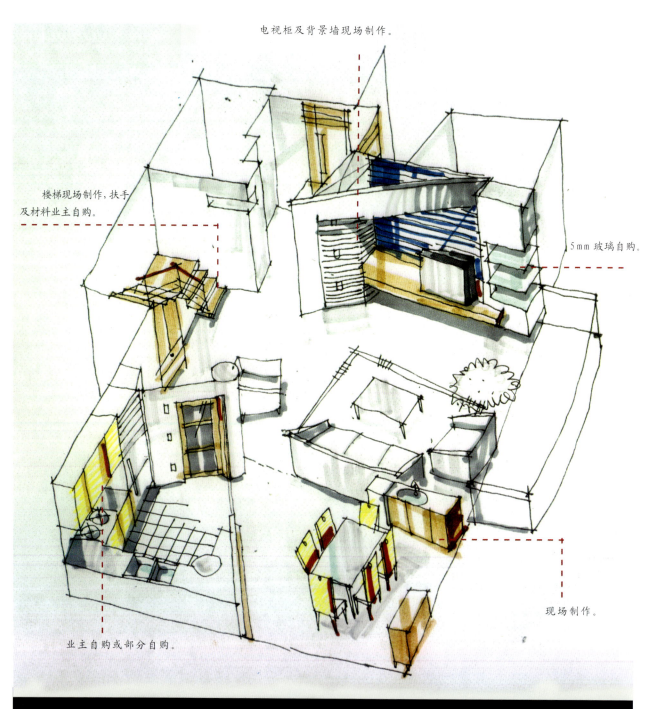

设计师当场手绘的轴测（鸟瞰）效果图

　　轴测图可以全方位地了解整个新居的装修情况，更便于说明装修项目报价内容。很显然，鸟瞰效果图比普通的透视效果图更能全面清楚地说明问题。

第五章　　家装接单时预算报价的技巧

家装报价时应注意哪些问题

首先，要注意报价表的完整性。一般来说，家装设计师每一份完整合格的报价单至少应包括：

①装饰装修项目名称；
②装饰装修项目单价；
③工程数量即工程量；
④所用材料、装饰装修结构；
⑤家装工程总价；
⑥制作和安装的工艺技术标准；
⑦取费费率等。

其次，要注意报价单中所示单价的内涵。同样的装修项目，不同的做法，不同的材料，预算造价差距很大。装饰装修项目单价应与所用材料、制作和安装工艺技术标准相结合，或者说，所报单价要注明所使用的材料、产地、规格、品种等，否则，该项报价就是一个虚数或是一个假价。往往业主在与家装公司论价时，这里很容易产生纠纷。一些业主往往会把其他公司的一些较低的报价拿来比较，说你的报价高了。而那些高明的设计师却可以有很多"变术"与业主周旋，诀窍就在这

家庭装修款都花到哪里了

家装客户的装修款都花在哪里了？

我们所说的装修款是指，除家具、设备（空调、厨房用具、卫生间用具等）之外，在居室装修过程中所发生的一切费用。这么说有些绕口吧？还是列个表格看看清楚。

家装客户了解装修款花哪里，有助于我们在计划开销时准备充分，反之就会在装修过程中有"钱越花越多"的烦恼。

家庭装饰工程价款通常由这样几部分构成：

一是直接费，它包括材料费、人工费、施工机械使用费和其他费用；二是管理费，包括组织和管理施工生产而发生的费用，管理费约为直接费的8%～10%；三是计划利润及税金，一般情况下，计划利润为直接费的5%～8%，注意，有的地区不实行计划利润；税金是直接费、管理费、计划利润总和的3.4%～3.8%，具体税率依地区而不同。一般可按下式计算：

装饰工程总造价=直接费+管理费+计划利润+税金

表5-1　　家庭装修费用组成表

项　目	内　　容
主要材料	如木地板、贴面板、油漆
辅助材料	如地板胶、水泥沙子等
工具耗材	如钻头、砂轮机片等
人工费	工人加工付出劳动的工资
运输费	从材料市场运材料至工地的车费
损耗费	材料损失或剩余的费用
水电费	装修用水电量也是很大的
垃圾费	现场"家装"管理部门要收取垃圾清运费
装修公司利润	如委托装修公司施工，必须装修公司取得一定利润

第五章　家装接单时预算报价的技巧

两种报价是怎样计算的？

①总造价＝直接费＋（直接费×综合系数）

这种报价方式是以前计划经济时期常用的方法，它的特点是装修公司的利润和管理费等要另外单独计算，有些繁琐和模糊，家装业主不宜掌握。

直接费用包括材料、设备辅料、运杂费和人工费。市内运费一般为材料费的1.5%；人工费不同的地方、不同的工种各不相同，一般为30～50元/工日。

综合系数包括利润、各种施工收费及税金等，一般为20%左右，其中，税金为3.41%，管理费为6%～10%。

编号	费用名称	计算公式	金额（元）
1	客厅		20500
2	餐厅		16000
3	卧室		38000
4	卫生间		13800
5	厨房		15300
A	工程直接费	1+2+3+4+5	103600
B	利润	A×10%	10360
C	税费及管理费	(A+B)×4%	4558.4
D	工程总价	A+B+C	118518.4

②总造价＝单项工程包工包料造价相加

这是现在家装公司普遍采用的报价方法，是完全按照市场经济规律来报价的方法。它的特点是报价中已经包括了装修公司的利润和管理费等，所有费用"一口价"，一起来计算，简单、明确，家装业主好掌握。

总造价中包括清除施工垃圾费和运费。如果由家装业主供料或供设备，则应扣除材料款和设备款。

家庭装修造价估算，一般采用包工包料较多，价格经双方协商同意后，就可以签订合同。在合同中要注明总造价一次包死，如发生变更，再作增减账处理。

编号	费用名称	计算公式	金额（元）
1	客厅		20500
2	餐厅		16000
3	卧室		38000
4	卫生间		13800
5	厨房		15300
A	工程直接费	1+2+3+4+5	103600
B	垃圾及搬运费		2000
C	工程总价	A+B	105600

里。不同的做法，预算造价差距很大，一定要按设计图纸和施工工艺标准，或者是按业主要求的做法定价，既不是报价低了就好，也不是价高总是好的。所以，一定要掌握按质论价，关注材料、结构、做法和安装的工艺技术标准，只有结合设计图纸中的用材、做法和公司提供的工艺技术标准来确定单价才是可靠的。

例如，在家庭装饰中最常见的衣橱制作项目，目前市场包工包料的最高报价为每米1500元，低的报价为每米700～800元，每米价差高达700～800元之多。究其原因就在于所使用材料的产地、制作工艺技术标准和用料的不同。有的使用合资板，有的使用进口板，进口板中又分为中国台湾板、马来西亚板和印尼板。此外，夹板中又有实心板和木芯板之分，两者在价格上也有较大的差别。只有弄清了制造工艺和用料技术标准，弄清衣橱是用9厘板、12厘板还是15厘板的结构，使用什么品牌的油漆，刷几遍油漆等，才能确定价格的合理程度。

一般来说，设计师在报价时应该注意以下几个方面：

①注意报价表中的计量单位

注意每个装修项目的计量单位，由于各装饰公司的报价方式多有不同，所用的计量单位也不一样，比如，最常见的衣柜制造项目，有的公司用"延长米"（单位是：m），有的单位用m^2，两者的报价在数字上差别就比较大。有些不好统计的家装项目的单位可以用"项"来计算，如家装工程常把整个室内的灯具安装作一项来计算，共500元。

②报价单中所列工程项目要齐全

一套完整、详细、准确的设计图纸是做好预算报价的基础，因此业主在审定预算前，必须审核、确认设计图纸。核定图纸所示工程项目是否都列在预算报价单上了，有没有少报一扇门或漏掉主卧室的踢脚线，因为这些漏掉的项目在施工过程中肯定是要做的，这显然又增加了装饰投资，超预算。

③材料、工艺要注写清楚

报价单上的每一个项目用什么材料，由谁提供，结构构造

第五章　家装接单时预算报价的技巧

和制作工艺都要清楚,如报价单写作:墙面立邦漆,19元/m²,这是不行的,因为立邦漆只是一个品牌,它的产品很多,有内墙漆、外墙漆、木器漆等,每种漆又分几大类,还有很多颜色。必须准确地标明,到底是用哪一种,这样才算到位。

④取费费率也要明确

有的单价中含税费及管理费等,有的要另行计费,在预算报价单中应该明确,例如有些家装公司中的预算最后要收取5%的管理费。此外,家庭装饰工程的设计费是否另收,还是已包含在预算中;材料损耗费是含在单价中,还是另加,所有这些,都必须在编制预算时明确,以免日后扯皮。

⑤编制预算报价表

每个分项装饰工程的单价经双方协商或讨价还价确认后,接下来的工作是确定每个分项的工程量,工程量的确定通常是按设计图纸和前面所介绍的工程量计算方法,逐项计算工程量,然后再计算每个分项工程的预算价格,预算价格计算式为:

分项工程预算价格 = 项目单价 × 相应项目工程量

再经汇总后,一份完整的家庭装饰工程预算书就编制出来了。如果装饰预算价格是装饰的报价,设计师不仅要认真审定单价,还必须逐项审核工程量的大小,因为每个分项的预算价格是单价和工程量相乘的结果,两者不能偏废。

帮助客户控制家装花费比例

当家装客户只准备了一定数额的钱(假设4万元)去采购材料,这时就要划分使用比例,因为仅地面便花了3万元的话,其余就太拮据了。

一般来说,家庭装修中材料款使用的比例是这样的:

表5-2　家庭装修工程费用分配表

内容	说明	比例
地面	石材、瓷砖、木地板等	40%
门窗	门窗用木材、饰面板等	20%
非购买家具	需现场加工的储物柜等	10%
油工料	含涂料、油漆等一切与油工相关材料	10%
暖工料	改管线、换水嘴等	5%
电工料	改线、开关、灯具等	15%

家装材料款如何计算?

例如某客户家的餐厅地面为20m²,要使用0.4m×0.4m的釉面瓷砖满铺,这种瓷砖价格是30元/m²,请问需要多少块砖,需多少钱?

会是125块砖(20/0.4×0.4=125)和3750元钱吗(125×30=3750)?不是。

因为,在家庭装修报价中我们还要考虑:

(1)水泥、砂子、白水泥的价格;

(2)装修过程中的损耗;

(3)铺地面时尺寸比例。

这样原本可以用三块砖铺满的地方,在实际情况下则有可能用两块各切一个边,总共用掉四块砖。因为在施工操作中一块砖切割成两块整齐的边相对困难些。

此外,我们还是要总结一下各种材料在作业中的量,才能真正计算出材料款的多少。

(1)地面铺瓷砖、花岗石等材料,每10m²约用水泥90kg,砂子0.3m³,主材应预备5%损耗。

(2)地面铺实木地板,预备3%损耗。

(3)墙面基础层批腻子粉抹平,每平方米约用0.4~0.8kg腻子。

(4)墙面刷涂料,一般为4~6m²/kg的涂料量。

(5)墙面裱糊壁纸,壁纸粉按盒计算,每盒壁纸粉可粘贴约2~3m²壁纸,壁纸量则应加上12%左右损耗。

第五章 家装接单时预算报价的技巧

表5-3 家庭居室装饰装修工程报价表（示范样板）

序号	施工项目	数量	单位	单价(元)	合价(元)	备注
一	地面					
1	木地台安装铺设		m²	160		包木龙骨，9厘板垫底，不锈钢钉，防潮材料，打磨，油漆，不包木地板
2	木地板铺设（素板）		m²	60		
3	木地板铺设（油板）		m²	20		
4	各种复合地板铺设		m²	25		复合地板（含胶垫）自购
5	塑料地板革铺设		m²	8		塑料地板革（含胶垫）自购
6	各种地毯铺设		m²	15		地毯（含胶垫）自购
7	普通地砖铺设		m²	38		包水泥、砂浆、人工（地砖自购）
8	普通花岗石铺设		m²	48		包水泥、砂浆、人工（花岗石自购）
9	木质踢脚板		m	38		包9厘夹板底红榉面板、红榉压线、油漆
10	复合踢脚板		m	25		包复合材料，不锈钢钉
11	瓷砖踢脚板		m	28		包优质瓷砖踢脚板，包水泥、砂浆、人工
12	地面水泥找平		m²	15		包水泥、砂浆、人工
二	顶面					
1	木龙骨吊顶（普通）		m²	130		5厘夹板、30×40木方、网带、原子灰
2	木龙骨吊顶（复式）		m²	160		包5厘夹板、30×43木方、881胶、榉木面板
3	木龙骨拼花吊顶		m²	230		包5厘夹板、30×42木方、榉木面板、881胶
4	磨砂玻璃发光吊顶		m²	180		磨砂玻璃、30×40木方、进口木线
5	长条PVC板吊顶		m²	70		30×40木方、角线、国产材料
6	铝方形扣板吊顶		m²	120		轻钢龙骨、铝扣板、膨胀螺栓、国产材料
7	长条铝扣板吊顶		m²	120		轻钢龙骨、铝扣板、膨胀螺栓、国产材料
8	优制木阴角线		m	38		优质红榉角线，不锈钢钉，油漆
9	普通白木阴角线		m	28		优质白木角线，不锈钢钉，油漆
10	普通石膏阴角线		m	25		熟胶粉、白乳胶、粘粉、优质石膏线、人工
三	墙面					
1	贴高级瓷砖（进口）		m²	45		包水泥、砂浆、人工（不包瓷片）
2	贴普通瓷砖（国产）		m²	38		包水泥、砂浆、人工（不包瓷片）
3	拼花面板木墙裙		m²	250		包木龙骨，9厘板垫底，不锈钢钉，防潮材料，红榉面板，打磨，油漆
4	普通面板木墙裙		m²	150		包木龙骨，9厘板垫底，不锈钢钉，防潮材料，红榉面板，打磨，油漆
5	普通软包木墙裙		m²	150		包木龙骨，9厘板垫底，不锈钢钉防潮材料，国产装布，红榉线条批灰，打磨
6	乳胶漆墙面ICI		m²	28		包纤维素，双飞粉，108胶，批灰三遍ICI抗碱底漆一遍，ICI面漆二遍，人工
7	贴墙纸或布（对花）		m²	85		防潮材料，胶粘剂，国产纸或布，人工
8	装普通木腰线（榉木）		m	38		优质木角线、油漆、人工
9	装高级木腰线（白木）		m	28		优质白木角线，不锈钢钉，油漆
10	砌砖墙（120厚）		m²	120		优质红砖、水泥、砂浆、批灰、人工
四	门/窗					
1	包门套		樘	600		
2	原夹板门包门/套		樘	600		9厘板垫底，佳力AAA枫木/红榉/白棒面板，普通白木线条，不锈钢蚊钉，含固态40%以上白胶，硝基底漆，紫荆花或长颈鹿面漆
3	做实芯造型门/套		樘	1280		
4	包艺术造型门/套		樘	800		
5	木推拉门（不包导轨）		m²	600		
6	铝合金玻璃推拉门		m²	250		中料（1~1.2mm）3~5厘玻璃，玻璃胶
7	装铝合金框防盗网		m²	80		
8	不锈钢防盗网		m²	180		
9	木质窗套饰边（普通）		m	75		9厘板垫底，佳力AAA枫木/红榉/白棒面板，普通白木线条，不锈钢蚊钉，含固态40%以上白胶，硝基底漆，紫荆花或长颈鹿面漆
10	木质窗套饰边（凸窗）		m	85		
11	普通窗帘盒（不包导轨）		m	35		
12	铝合金推拉窗		m²	220		中料（1~1.2mm）3~5厘玻璃，玻璃胶
13	铝合金玻璃封闭晒台		m²	250		中料（1~1.2mm）3~5厘玻璃，玻璃胶
14	铝合金框纱窗		m²	150		不锈钢纱网
15	铺装大理石窗台		m	25		包水泥、砂浆、人工（不包大理石）
五	卫生间厨房					
1	坐便器及五金安装		项	150		包水泥、砂浆、辅料（不包洁具及五金）
2	安装淋浴间及热水器		项	180		包水泥、砂浆、辅料（不包洁具及五金）
3	安装浴缸及热水器		项	280		包水泥、砂浆、辅料（不包洁具及五金）
4	安装大理石台板		项	380		包水泥、砂浆、钢筋等辅料（不包大理石）
5	安装瓷洗脸柱盆及五金		项	250		包水泥、砂浆、辅料（不包洁具及五金）
6	装龙头/镜面/毛巾架等		项	230		包水泥、砂浆、人工（不包镜面洁具及五金）
7	洗脸盆台下储物柜		项	580		15厘板框架，12厘板层架，防火面板
六	木家具					
1	厨房吊柜		m	600		15厘板框架，12厘板层架，防火面板安固牌烟斗铰合页（不包大理石台面及五金）
2	厨房木制地柜（不包面）		m	700		
3	梳妆台/写字台/电脑台		m	780		15厘板框架，12厘板层架，5厘板为背板，不锈钢蚊钉，12厘夹板空芯门，佳力AAA枫木/红榉面板，白木线条，不锈钢蚊钉，内贴白宝丽板，铝合金导轨，安固牌烟斗，合页，含固量40%以上白胶，外表刷紫荆花或长颈鹿漆（不包镜面及把手等五金）
4	床头柜400×400×600		只	460		
5	酒柜/书柜/鞋柜		m²	780		
6	电视柜		m	780		
7	衣柜		m²	680		
8	普通双人床		个	1300		
9	普通单人床		个	1100		
七	电路、水路					
1	水路改造与水管埋设		m	35		包括凿管槽，镀锌水管，水胶布，水泥，砂浆（不包水龙头）
2	水管改位/水管安装		位	38		
3	开关/插座安装		位	38		包括凿线槽，2.5mm铜芯线，PVC线管，三通，电胶布，水泥，砂浆等（不包开关插座）
4	灯改位		位	38		
5	照明线架设/电路埋设		位	38		
6	安装抽油烟机		位	38		
7	电视改位		位	38		
8	电话改位		位	38		
9	安装排风扇		m	18		
八	其他:					
1	拆旧水泥墙、开窗孔		m²	50		
2	旧瓷砖凿铲墙、地面		m²	35		
3	地面、墙面防潮处理		项	1500		包括卫生间/厨房/木地板等

这是当前流行的综合报价表形式，简单明了，设计师可根据实际情况对装修项目和报价做适当修改使用。

第六章

怎样签订合同不会有纠纷

家庭装修纠纷大都最终会反映到合同纠纷，而解决的主要办法就是在签约时双方要充分地沟通。设计师一定要坐下来帮助家装客户作出一次明智的决定。记住：解决合同纠纷最终还是要靠合同本身。

签合同不是接单的终点，而应是下一合同的起点。

学习要点

1、签订家装合同前必须具备的条件
2、怎样确定要装修的项目内容
3、为什么会发生家庭装修纠纷
4、家装施工有哪些承包方式
5、怎样签订家装施工合同
6、家庭装修施工期间应注意什么
7、装修中途设计有变动怎么办

签订家装合同是家装设计师接单的目的。签单是家装接单过程的后续环节，而客户接待、设计咨询、方案设计、预算报价、介绍方案、修改和完善方案等都是为了在最后能够签订合同并和家装客户建立一种良好的关系。这就需要家装设计师在向家装客户设计和介绍方案的同时，掌握签订合同的方法和技巧。

签订家装合同前必须具备的条件

首先，家装客户一定要渴望得到你为他所提供的家装方案中的东西。在请他作决定前，家装客户的签单欲望就应该达到顶点。家装客户一定已清楚地显示出他很欣赏你的家装方案中所介绍的东西，而且已经表达他想要享受完工后未来"美好家园"的渴望。假如家装客户的热情还未到达最高点，你就想请他作决定，可能会让他打退堂鼓，而扼杀了这笔家装工程合同。

第二，家装客户一定要相信你和你的公司。家装客户一定要能相信，并且相信你和你的公司有能力履行承诺。在你做家装方案介绍时，一定要设法让家装客户心里非常明自，你们是

不要过早提出签合同要求

我们知道，"做任何事情以前，一定要完成先决条件。"在你要求家装客户作签单决定的时候，必须要完成前面所有的工作，如果你错失了先决条件中的任何一项，而企图将家装设计接单流程带到结案的地步，你将会付出失败的代价。

签单前要让客户不存疑虑

家装设计师在接单时试图结案（签订合同）时遇到的最大障碍之一就是家装客户对家装设计方案一知半解、模模糊糊。这经常发生在家装客户作决定时发现自己还是不太确定自己在签订什么东西，不太清楚完工后会是什么样子。这会造成他在签单时可能会犹豫和拖延决定。身为设计师的责任就是要一再确保家装客户对你的家装方案很了解。

第六章

怎样签订合同不会有纠纷

正派可靠、值得往来的公司。

第三，家装客户必须欣赏你的家装设计方案并清楚该方案给他带来的种种好处。为此，家装客户必须完全了解设计师所提供的家装服务，并且一定要对设计师提供的服务有需求。

第四，家装客户必须完全了解设计、图纸、合同和相关文件的内容和范围，必须清楚知道该项家装方案的空间造型、色彩材料、结构工艺、施工手段，以及如何实施和使用等等。他也一定要了解签单之后的责任、变动和结果。设计师必须一步步地协助家装客户，让他完全了解签单之后会遇到的所有状况，甚至清楚每一分钱都花在哪里（如实例6-1）。

快速手绘接单实例6-1

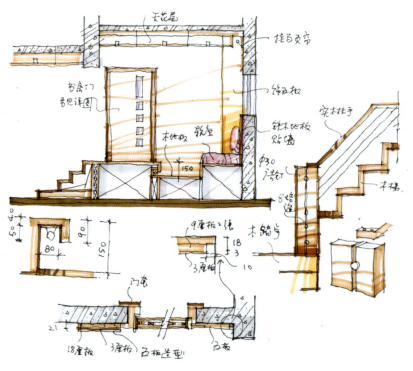

设计师接单时手绘的楼梯透视图和构造大样图

家装客户的三个成交条件

家装设计师每天接触的前来咨询的家装客户很多，但不是每个前来咨询的人都是你真正的潜在家装客户。判断真正家装客户的标准有只有两个：一是家装客户是否真正有对你有所需求（如设计方案或家装工程），二是目前家装客户是否有支付能力（有足够的装修工程款）。

第五，家装客户一定要能负担得起。家装客户不但要有这笔钱，而且愿意去花。他一定要有签订这项家装合同的足够预算，而不致最后捉襟见肘。这样做会有两方面的作用。确定家装客户负担得起之后，设计师才能确定公司在进场之后收到钱。同时，也要确定家装客户在付款之后资金仍然充裕，以保证家装工程顺利进行。

第六，设计师一定要表现得很热心。他对家装客户能享受到的利益积极而有信心，并且决心要帮助家装客户享受到这

第六章　怎样签订合同不会有纠纷

些好处。现实中很多家装客户仅仅是由于你在接单时表现得不热心而白白失去了设计定单。

第七，设计师要有扎实的成交技巧。学习新事物的方法就是不断地反复练习，成交技巧也不例外。最好的方法就是把介绍方案时所用到的结语及问句写在一张纸上，并面对镜子练习。你应该经常在同事面前演练一下，并且应该把它运用在你个人及工作生活中。假如你能记得：成交技巧只是一项帮助别人作决定的方法，你一定会发现练习各种不同方法是件非常有趣的事。

第八，设计师必须在听到拒绝之后仍继续努力让业主接受你的家装方案。你必须愿意不论是遭家装客户拒绝或缓议的拖延，仍准备向家装客户提出签单的要求。一些设计师总是企盼遇到一个在他们提出要求时对方能马上答应的客户，这是一种错误的态度。毛泽东曾说过这样一句话：胜利往往就在于再坚持一下的努力之中。坚持，就是多次向家装客户提出签单要求。

最后，设计师必须在请求成交之后保持沉默。最佳的设计接单高手往往都是在家装设计接单与客户沟通时善用沉默的高手。他们不但在聆听和体会家装客户心意方面的技术高人一筹，而且在问完任何重要问题之后，更懂得保持绝对的沉默。

怎样确定要装修的项目内容？

1、首先，先进行装修项目认定

客户在决定了进行家庭装修后，第一步就是进行项目确定，即弄清哪些地方需要装修，哪些地方不要装修，或简单或复杂。客户要和装修公司共同进行实地勘察，通过勘察由装修公司辅助客户将装修想法条理化。比如装修家庭的初步想法只是想包包门套、窗套，铺一下地砖，多安装几盏灯等很多实际的想法。设计师应该设法使装修家庭了解，门套、窗套要和室内整体装修匹配，铺设了地砖就需要其他辅助装修的配套，设计不适当的顶棚与不合理的墙面造型无法合理布置灯光等等。如果没有这一系列的系统考虑，家庭装修就变成了

家装设计师接单故事

设计师小张接待了一个家装客户，所有的工作都做完了，客户也很满意，可是就是迟迟不签合同，小张就请设计主管老王帮忙。

老王过来后，看到客户，一脸惊奇地说："哇，这么大的房子！这可是北京最贵的房子啊！这是你买的吗？"

客户："是我买的呀，怎么，不像吗？"客户面露得意之色。

老王："家装客户我见多了，你这么年轻就住上了这么大的房子，我还是第一次看到！"

客户马上眼睛就一亮："做得好，我还有一套等着你们呢。"

老王仔细看了看小王的设计方案，关切地说："这设计真的不错，很适合您的身份。你还要不要请你太太看过之后再决定？"

客户对老王的"建议"很不以为然："等我太太来看？不用了，我决定就可以了。"说完就在合同上签了字。实际上他是被老王"成交"而浑然不知。

在请求成交之后保持沉默

在你问完一个结案问句之后，保持沉默的时间越长，家装客户就越有可能签单。哪一个人先沉不住气，哪一个就会输。假如你由于紧张的关系而打破沉默，家装客户就会逮到一个拖延作出签单决定的机会。或提出你本次会谈中无法回答的另一项反对意见。

当家装客户在仔细考虑你的问题时，你保持不动如山的定力虽需经过极严格的训练，但一定会苦尽甘来的。

"卫生大扫除",浪费人力、物力不说,还与客户的真实想法相去甚远。

2、再进行装修项目确定和调整

根据实地勘察确认的项目只是一个大概的想法,它的具体内容应当根据设计施工图进行调整。也就是说经过设计图纸的梳理,项目变得更清晰、完整,也更具有说服力,同时便于装修家庭增减项目和内容确认。这样可以减少遗漏,避免口头协议的尴尬,为施工的进行提供依据。

项目除了应该反映家庭装修的内容外,还应该如实体现家庭装修的工程量,所以规范项目可以采用预算(报价单)决算方式来解决。通过工程量的书面化,客户可以对装修所谓的内容、财力做一个感性的充分的准备,避免盲目投入带来损失,同时对装修公司的欺诈行为,进行监督,规范装修公司的服务。

这其中,当场为家装客户分析其家庭装修存在的问题和提出解决方案,用手绘的方法迅速画出平面布置图和效果图,是必不可少的方法。

表6-1　家庭装修各个项目的施工内容、顺序和工期表(示范样板)

序	项目	施工内容	状态	
1	规划阶段	拟订装饰风格、装饰档次、装饰材料、装饰项目、色调、照明等方案	前期	
2	前期工作	装饰设计、选择施工单位、签订施工合同等		
3	开工前准备	订施工进度,人员、工具进场,现场核对图纸,技术交底,采购装饰材料		
4	拆旧砌新	凿旧地坪、墙面(二次装修),对于有改动的墙进行拆除旧墙、旧柜和砌新墙等	隐蔽工程	交叉施工
5	材料进场	隐蔽工程材料和木作板材,石材、地砖、墙砖、木地板,以及涂料、墙纸、装饰面板、油漆、五金灯具等大批材料进场		
6	水电前期工作	调整或移动水、电位置,地面、墙面开凿埋设暗管暗线,包括强电弱电(电话、电视、音响、计算机等用线)		
7	木工前期	顶棚吊顶龙骨制作安装,门套、窗套制作,倚墙壁柜、木隔墙、墙裙内部结构制作		
8	砌筑防水	砌墙、补槽、卫生间与厨房的防水工程施工以及其他防水处理		
9	木工后期制作安装	顶棚吊顶后期制作安装,门套、窗套后期制作,门、窗制作安装,窗台板、木家具(壁柜、吊柜、地柜、吧台、茶几等)、木隔墙、墙裙、踢脚线,以及各种木线条、角线等	全面施工	交叉施工
10	水电后期安装	安装厨、卫洁具,灶台,电源箱,电器开关、电话、电视、电器插座、各种灯具(吊顶、壁灯、筒灯、灯槽灯等)安装		
11	油漆、涂料	顶层面层(涂料或贴墙纸、墙布),墙面涂料或贴墙纸,木作、倚墙固定家具,油漆施工		
12	地面、地毯	铺设石材或地砖,拼装木地板,打磨刨光,铺地毯,固定地毯		
13	安装玻璃	室内阳台门窗玻璃		
14	设备和器具安装	空调、电冰箱、洗衣机、热水器、排油烟机、排风扇等		
15	各种零配件安装	门把手、锁、毛巾架、拉手、龙头、镜面玻璃、雨帘杆、窗帘轨、卫生洁具、厨房物品架、五金配件等		
16	收尾竣工	补遗漏项目,安窗帘,布置家具,试线路(包括强电、弱电),全面清扫,陈设布置等		
17	退场交接			

第六章　怎样签订合同不会有纠纷

为什么会发生家庭装修纠纷？

近年来，家庭装修的投诉率一直居高不下。装修纠纷的发生，有着装修家庭和装修公司两方面的原因。这里我们重点说说家装业主方面的原因。

很多第一次装修的年轻家庭对于家庭装修的很多问题根本不清楚，如装修工程在开工前要办些什么手续（以为口头讲好就可以马上开工）；装修中途要更改怎么办（以为口头讲好就可以了）；装修期间，怎样检查施工质量？怎样配合装修公司一起把装修做好？等等。因此，装修时难免会出现装修纠纷。此外，还有一些做法上的问题，如：

①装修前不清楚装修后的样子

很多业主不明白图纸的重要性，或看不懂工程图，又不向装修公司问清楚。有的甚至看也不看，把图纸丢在一边。但工人是按图施工的，往往到实际做出来后，业主才发觉与他原来的构想不同，这时才要求更改，已经太迟了。

快速手绘接单实例6-2

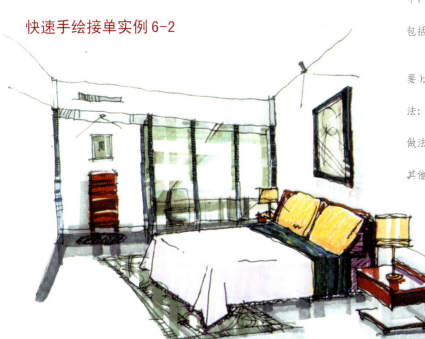

设计师当场提供的手绘主卧室效果图

装修家庭有哪些准备工作？

①装修家庭要在开工前办妥相关手续，解决施工用场地、用水、用电，清除施工范围内影响施工的障碍物，为家装公司提供顺利开工的条件。

②开工前，如装修家庭委托第三方设计，应向施工师傅提供项目工程设计施工图纸，并向施工师傅进行设计技术交底。施工师傅应熟悉图纸，并按规定做好施工准备。

按图施工可减少家装纠纷

很多家装纠纷都是因为家装客户对设计师提供的施工图纸看不懂，或者理解得朦朦胧胧而引起的。家装客户装修前仅凭设计师的口头介绍，对自己未来新居的装修效果想像得很好，因此图纸看不懂也签字了。但完工后却发现和自己原来想像的不同，因此，纠纷就产生了。

其实，如果设计师在装修前能把设计施工图中客户看不懂的地方用手绘效果图的方法，向家装客户讲清楚，就可以很好地避免这些纠纷。这其中，必要的手绘效果图说明是很重要的。

一般来说，设计师提供的家装设计图纸主要包括：

①平面图：平面、顶面、地面布置图；

②立、剖面图：各个房间主要立面图（视需要）；

③施工图和详图及说明：施工材料及工艺做法；

④电气布置图和系统图：照明及电气布置和做法；

⑤给排水布置图：水管和排水布置和做法及其他隐蔽工程施工图；

⑥施工报价预算书及施工进度表。

第六章　怎样签订合同不会有纠纷

家装客户投诉排行榜

①装修材料环保投诉占第一位

现今装修家庭对于"绿色装修"的关注上升到了一个新的水平。家里装修完工以后，要求权威部门对室内环境进行检测的越来越多，同时，施工过程中装修家庭对装修材料的环保指标关注越来越多。

②施工合同填写不规范

这方面的问题主要出在装饰公司身上，也就是说装饰公司的工作人员在签订合同时，故意不把全部合同条款告之装修家庭。对于一些能够或者应该用来保护自己的合同条款，装修家庭并不很清楚。因此在以后出现问题时，这些条款不一定能够保护自己。

③施工时偷换材料和偷工减料

尽管装修家庭与装饰公司签订了装修合同，但是如何执行合同并不是每一个装修家庭都很了解的。有装修家庭反映，合同里约定的使用某种材料，但是在施工过程中施工方却偷换材料，用降低品质的办法取得额外的利润。

④家装工程保修不到位

关于这方面的投诉，基本上都属于马路游击队以及"新、小"公司。一家向装修家庭承诺多少年保修的企业，却突然人间蒸发，使本来就是因为该企业保修时间较长才与之签订合同的装修家庭全部希望落空。

②家庭装修施工时过于紧张

有的装修家庭有感于买楼装修是一项重大的投资，在家庭装修施工时总是希望达到尽善尽美；或者总以为家装公司在做"手脚"，有些要求近乎达到吹毛求疵的地步。于是如果在装修施工过程中稍出差错，便难免表现得十分紧张。这些现象，装修公司应予充分的理解，并用实际行动表明是一切按照程序标准办事的，使装修业主放心。

③家庭装修施工时盲目指挥

有的装修家庭对室内设计很有兴趣，从设计到施工，自己忍不住想指挥。

他们不断四处寻找有什么样子可以仿效的，就指挥装修公司也照样做；但若发觉有更好的样子时，他又改变主意了。毕竟装修是一门专业的学问，牵涉的面很多，并不是懂得一点皮毛就可以的。在方案设计阶段反复修改可以，但是如果施工开始后，再修改就麻烦了。

④家庭装修施工时边做边改

有的装修业主心很急，不等到装修公司完成设计图纸、找材料等准备工作，就一味催促要赶快开工；还有些业主，由于种种原因，先做起来再说，边设计边装修。如果装修公司听他的话，麻烦也就跟着来了。边做边改，既浪费了时间和金钱，最终还难以达到满意的效果。

表6-2　家庭装修工程施工进度表

工程名称\天数	1	2	3	4	5	6	7	8	9	10	11	12	13	14	15	16	17	18	19	20	21	22	23	24	25	26	27	28	29	30	31	32	33	34	35	36	37	38	39	40	41	42	43	44	45
日期																																													
拆旧砌筑																																													
水电工程																																													
瓦工工程																																													
木工工程																																													
油漆工程																																													
收尾工程																																													

发包人代表（签字）：　　　　承包人代表（签字）：

家装施工有哪些承包方式

一般来说，家装客户在对设计师提供的设计方案和报价满意后，就会把该家装工程承包给家装公司进行施工。按照家装客户的要求，家庭装修施工承包方式可分为三种。

1、包工包料

所谓包工包料是指装饰公司对项目设计、材料供应、施工工艺实行"一条龙服务"、"一站到终点"式服务，也称全包或"双包"。这种承包方式的优点是发包方（业主）方便、省时、省力，只要合同内容具体、清楚，甲、乙双方权责明确，信守合同，业主只需在施工中常去现场验收材料，检查工程质量，施工企业完工后进行竣工验收，就可完成整个装修工作。

2、包工不包料

包工不包料俗称包清工，即所有装饰材料都由业主采购供应，施工企业负责施工。这种承包方式的优点是业主自行采购，材料质量比较容易保证，也能节省投资；其缺点是业主为采购而东奔西走，所备材料往往不是多，便是少，或是规格型号不对路，另一个缺点是，包清工的工程一般不实行保修服务，这是由于装饰工程的好坏与材料质量等因素有关。

3、部分承包

例如木工制作、油漆、电气线路敷设安装等。这种承包方式的常见做法是：包设计、包施工、包部分材料，其中，地板、地砖、墙砖、墙纸、洁具、灯具等可由甲方供应。采用此承包方式时，一定要在合同中写明包与不包的内容，双方权责分清，避免遗漏，或出现扯皮现象，引发纠纷。

怎样签订家装施工合同

装饰施工合同是整个施工过程乃至工程竣工验收、结算工程价款的依据。如果没有签订合同，或者有合同，但条款过于简单、笼统，合同双方的违约责任不明确，可操作性差，那么，装饰中一旦出现问题，发生矛盾纠纷，就很难解决，对甲乙双方都不利。因此，洽谈之后，一定要签订合同，把丑话说在前面，以便日后万一发生纠纷时，有据可依。

家装双方一起办理好进场手续

家装双方首先应该到物业管理处办理装修入场手续。一般要提供装修图纸，签订装修保证书和交纳一定的装修押金（可退还），装修公司还应该提供相应的装修资质证明。

每种家装方式都各有利弊

家装施工的三种承包方式，各有其利弊，设计师应该为家装客户作出正确的建议和选择。

包工包料由于能够保证质量，减少纠纷，同时也增加了营业额和利润，所以比较受家装公司的欢迎。这是比较正规的一种方式，家装客户也比较省心。

但是对于业主来说，由于担心家装公司在材料上不能保证质量，所以有的业主希望采取部分承包的方式，由于一部分贵重材料由家装客户自己采购，所以客户比较放心。但同时也会带来由于材料问题产生的纠纷。

包工不包料的方式大都是一些装修游击队采取的方式，家装公司仅仅做工，其余的由客户自己负责。由于客户往往都是外行，双方很难配合得很默契，所以常常会双方都很辛苦，同时也会产生一些纠纷。

第六章　怎样签订合同不会有纠纷

为什么施工进度表很重要？

施工程序即是施工组织按计划进行，它是施工单位对即将开工的装饰工程进行施工准备的基本技术文件。它的基本任务是根据装饰工程施工项目的要求，确定经济合理的安排。

家庭装修与公共建筑装修不一样，其特点是工程量小、工序多、工艺精细、材料品种涉及面广，必须要客户和装修公司共同组成监督机制，对施工按程序进行监督。为了有效地对家庭装修施工进行管理，就必须要有一套正规的施工程序。

① 一般施工程序

了解一般的家庭装修施工程序利于工程的监督管理，避免造成重复作业和交叉影响。家庭装修工程一般应该按照先上后下，由内而外的顺序进行。比如可以按照土建修改工程→管道、线路掩埋系统→顶面工程→墙面工程→地面工程→设备、陈设安装工程的顺序进行室内装修。

② 家装施工计划

施工计划就是施工进度表及施工现场人员安排表，每个家庭装修工程在开工之前，客户都可以要求装修公司为其提供一份较详细的施工进度表和现场人员安排表，使工程交叉作业情况和工程的工期安排有一个直观的表现，大体掌握该工程的项目负责人、主要技术负责人和施工人员配备情况，便于自己与装修公司协调、配合。

家庭装修施工程序和施工计划完善与否直接牵扯到施工质量的优劣。因为没有一个较为系统的安排，开工之后就难免混乱，无法利用科学的方法保证施工质量，从而也就影响施工的进度。比如不根据工程量有效地安排人工，就会造成不必要的抢工和窝工，浪费大量人力和财力。

表 6-3　家庭装修施工流程表

阶段	工作项目	工作内容	施工时间
前期	布置开工	1. 订施工进度表	
		2. 人员机具进场	
		3. 现场核对图纸	
		4. 放线	
		5. 预订及采购材料	
	拆旧	拆墙、拆柜、凿地坪	
	做水电	移水电位、管线暗埋到位	
	做水泥	砌墙、做防水等	
中期	木工作业	1. 做吊顶	
		2. 做门及门套	
		3. 做家具	
		4. 做木隔墙	
		5. 做墙裙	
		6. 做顶面角线、踢脚线	
	做水电	配合木工安装卫厨洁具，安装开关、插座等	
	油漆	油顶面、门框、门、踢脚线、家具贴墙纸	
	做地板	安装地板，打磨、油漆	
后期	铺地毯	安装、固定	
	装玻璃	安装、擦拭	
	安装工作	安装锁、把手、毛巾架、龙头、五金配件、灯具	
	收尾工作	补遗、试线路、全屋总清扫	

家庭装修施工流程图

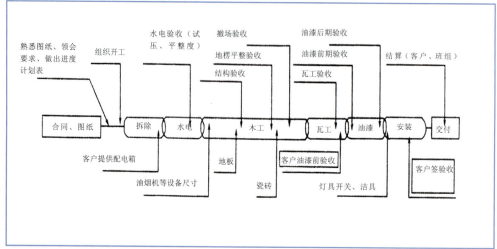

第六章 怎样签订合同不会有纠纷

一般来说，家装施工合同的主要内容如下：

①合同当事人的基本情况

委托人和被委托人的姓名（或单位名称）、地址、联系电话、邮政编码，如是个体装饰装修从业者还应当填写本人身份证和个体装饰装修从业者上岗证书号码。

②装饰装修内容

装饰内容及要求是合同的基本内容之一，应当详细填写。包括装饰装修的间数、部位、面积，装饰装修的项目、方式、质量，使用材料和施工做法及要求等。

③装饰装修工期

装饰装修的开工、完工时间必须写明，它涉及违约责任。

④装饰工程价款及付款方式

家庭装饰工程价款，即通常所说的装饰工程造价，必须在合同中写清楚。

如果装饰项目有某些特殊要求，譬如地砖拼花、饰面雕刻精细花纹等，施工收费需相应增加的话，务必在合同中写明，计入总价。

付款方式及付款时间，以及分期付款的期限，也应在合同中写明，以免造成误解和纠纷。

⑤材料供应方式

无论是包工包料还是包清工，都应在合同附件的材料清单上详细写明材料的种类、名称、品牌、规格、型号、质量等级、计量单位、数量、单价、合价。在甲方供材料的料单上还应明确写上材料送达地点和时间。并应写明有关材料质量的双方违约责任。

⑥质量验收标准

家庭装饰装修工程质量至关重要，必须有章可循。建设部在《建筑装饰装修管理规定》中明确规定，建筑装饰装修工程竣工后，必须经质量监督机构认证合格，否则不予验收。同时应该执行《建筑工程质量检验评定标准》中的装饰工程质量评定标准。在《全国室内装饰行业家庭装饰管理办法》中也明确规定家庭装饰设计和施工必须严格执行国家或行业规定的室

签合同的几个基本要点

家装设计师在签订合同时应掌握的几个基本要点：

（1）要有正式的合同文本，按照建设部《关于家庭居室装饰装修管理试行办法》规定，家庭居室装饰装修委托人和被委托人应当遵循诚实、平等、公平、自愿原则签订家庭居室装饰装修合同。根据这一要求，各地装饰行业行政管理机构都制定了统一的家庭居室装饰装修合同文本，住户签订装饰合同时务必按照执行，否则，导致纠纷后，消费者权益得不到保护。

（2）合同内容要全面具体，文字简洁清楚。

（3）甲乙双方权责明确、对等，特别是违约责任要写清楚。

家庭装修必须注意哪些问题

家庭装修是个人行为，客户总要对其住宅精心策划布置，按照自己的意思做一番调整和变更，但是往往忽略了安全问题。因此，必须明确调整和变更的基本原则：

①不得任意更改建筑结构

建筑的荷载承载因素是结构师通过计算而固定下来的，不能破坏承重和增加楼板负荷。

②打墙凿洞必须遵循建筑规范

一般来讲非承重墙开口70cm以上必须做加固处理。

③管线操作必须符合规范

电路隐蔽必须做穿管处理。煤气管道是不能任意乱接和更改的，安装应由专业人员操作。上、下水管道系统必须做测压试验。

④符合防火和安全要求

选用可燃或易燃装饰材料必须做防火处理。

⑤做好装修防渗漏工程

卫生间、厨房的装修必须按规范做防水处理。

第六章　怎样签订合同不会有纠纷

家装决算时应注意的几个原则

①对原预算最终项目的认定

在原预算书的工程造价中，由于某些原因，如实际工程量的增加、材料价格的浮动等都会使原预算发生变化，在工程竣工以后，双方应共同商议，在决算中对增减项目加以确认。

②对工程量的认定

在工程施工过程中，往往会因为一些客户产生新的想法或其他的一些原因引起工程设计变更，这必然会影响施工的效果，增加工作量，由此必然引起费用上的变更，所以在决算中要对实际工程量进行确认。

③对材料的质和量认定

在家庭装修的过程中，有许多原因可引发经济补偿，如主要装修材料由其他材料借用，材料的数量发生变动，材料质量是否按要求购买等，这些都需要纳入工程的决算中，以便对费用进行调整。

④对施工过程中变更的认定

在实际施工中，往往出现一些因现场停水、停电、抢工期抢进度、现场零星铲除、清运垃圾以及零星借工等等情况产生的费用，当这种费用比较高时，由甲、乙双方的任何一方完全承受都不可能。这种费用也应列入决算，通过双方协商解决。

家装决算中最易出现的问题

①忽视施工中的原始记录

由于施工中常常出现抢工及任意变更等因素，如不详细记录其原因，分清责任，就会给决算带来困难。

②施工的认定模糊

如材料的认定、质量的认定、项目的认定等往往由甲、乙双方认识不统一，造成各执己见。

合理的决算要以完善的施工原始资料，如项目确认单、设计变更单、施工变更单及现场零星签证单等为依据，通过甲、乙双方协商、谅解，达成最终工程造价标准。

内装饰工程质量规范。

⑦违约责任及解决纠纷的途径

合同的违约责任是与合同双方的义务、责任相对应的。在装饰施工中，甲方（业主）的主要义务是提供施工条件，按时支付工程款，按时供应材料（指包清工），按时进行中期和竣工验收等，违反了上述条款的约定，则应负相应的责任，支付给乙方（施工企业）违约金或停工损失等。乙方的主要义务是，保质保量提供材料，按期完工，保证工程质量等，如违约则应按合同规定的补偿条款，给甲方以赔偿。

家庭装饰装修中发生纠纷，一般可凭合同及工程款收据、发票，到当地家庭装饰协会协商调解，也可到消费者协会投诉解决；若调解不成，可到当地仲裁委员会申请仲裁，或向法院诉讼。

⑧合同变更和解除条件

合同的变更是指合同成立之后，尚未履行或尚未完全履行之前，当事人就合同的内容进行的补充和修改。

一般情况下，合同的变更必须双方协商一致，就合同的内容达成修改和补充的协议。任何一方未经对方同意，无正当理由擅自变更合同内容，不仅不能对合同的另一方产生约束力，而且还要承担违约责任。

家装双方订立的合同是不能无故随意解除的，必须经过一定的法律程序。家装合同的解除双方一般可以通过协商或法院裁决来解除。因此，签合同时一定要慎重。在双方发生纠纷时，以合同条款为法律依据。

表6-4　承包人提供装饰装修材料明细表

序号	材料名称	单位	品种	规格	数量	单价	金额	供应时间	供应到的地点

家装业主代表（签字）：　　　承包人代表（签字）：

表6-5　家庭装修工程保修单

公司名称		联系电话	
用户姓名		登记编号	
装修房屋地址			
设计负责人		施工负责人	
进场施工日期		竣工验收日期	
保修期限	年　月　日	至	年　月　日

备注：
① 从竣工验收之日计算，保修期为一年。
② 保修期内由于承包人施工不当造成质量问题，承包人无条件地进行维修。
③ 保修期内，如属发包人使用不当造成装饰面损坏，或不能正常使用，承包人酌情收费。
④ 本保修单在发包人签字，承包人签字后生效。

怎样进行家装的检查和验收

家庭装修的检查是指穿插在施工过程中对装修工序和质量的抽查，主要是针对一些隐蔽工程和结构工程而言。由于隐蔽工程和结构工程都是装修的基础部分，比如木质基层龙骨的承重木条分布是否合理，木龙骨是否涂刷了防火涂料，该做防水层的地方防水厚度是否够，电线是否穿管等等，都对今后的使用功能有直接影响。为了有效地对这些重要部位的施工进行监督，客户应该穿插于施工过程中对其进行检查，以防劣质施工的出现。

家庭装修的验收是工程竣工后客户对居室装修质量、效果进行最后测试和认可的过程，验收应该采用国家现行的装饰工程质量检验规范和具体情况相结合的办法。一般来说验收分为设备验收、工艺验收和效果验收几大部分。

① **设备验收**

是指导居室设备设施的安装情况验收，应该通过机械的试运行来检查质量情况。比如卫生洁具设备、厨房设备，除应按国家装饰质量检验规范验收其排管布线是否标准外，还应该启动或进行水管试压验收，以确定设备运转是否正常。

② **功能验收**

是指导居室使用功能结构验收。比如顶棚、地面、墙面、固定造型等是否遵循设计要求，是否牢固等等。

③ **工艺验收**

重点检查油漆面、乳胶漆面、木质接头、外部造型、地面镶花等工艺水平。

④ **效果验收**

其实是对设计方案的验收。客户通过观察室内整体装饰情况，判断设计风格、色彩、灯光、环境的搭配的效果，从而评定设计方案的优劣。

对国家装饰效果质量检验规范无法细述的地方，客户应该采用三步骤法进行验收：比如木门验收就应该首先用眼睛看木接头是否严密，对花是否工整，整体色泽是否均匀；其次用手摸表面及侧面转角处，感觉其平整度及有无钉头鼓出，推刨是否平直，并开合几次，感觉五金配件的安装是否适用，有无明显卷口缝；最后借助卷尺量一量门的对角线以及上、下部尺寸，看看是否做歪，或是否调校完好。

第六章　　怎样签订合同不会有纠纷

向施工工人付酬的方法

你向工人付酬一般有两种方式，即"计时制"和"分项包工"。所谓"计时制"是指业主自己买材料，师傅的工钱按天数计算。对于有监工经验、熟悉工程进度的人而言，实报实销确实可以节省部分费用。但如果你缺少经验，不了解每项工程的工作量及进度，则对"计时制"较难把握。这时，还是"分项包工"比较省事，即让工人自己算工，业主将费用一笔付清。

表 6-6　　家庭装修工程结算单

1	合同原金额	
2	变更增加值	
3	变更减值	
4	发包人已付金额	
5	发包人结算应付金额	

发包人代表（签字）：　　　　　承包人代表（签字）：

表 6-7　　家庭装修工程验收单

序号	主要验收项目名称	验收日期	验收结果
整体工程验收结果			

年　月　日

家庭装修施工期间应注意什么？

①**家庭装修的价格问题**

选购材料和雇用工人不能一味寻求便宜，要综合考虑各种因素。须知"便宜没好货"的古训同样适用于家庭装修。当选购了价格低却不合格的材料，雇用了工价低却手艺差的工人，因此造成的返工浪费反而增加了花费。

②考查施工队

所委托施工队的工艺水平成为影响装修施工质量的重要因素。为此，要考查施工队实际做过的项目，优选较好工人。在协议中写入达不到质量标准返工赔偿的条款进行制约。

③装修材料验收和交接

包工包料的施工，业主对施工队所购进的装修材料，按协议要求进行质量验收。不符合要求的禁止使用。只包工的施工队，业主将所购材料交于施工者时办理交接手续，落实给施工队专人保管，并提醒施工者将材料放置在不易损坏和丢失的地方。

④装修工程付款原则

运用经济制约这一有力手段能保证装修按业主的设想进行。给付工程款的原则是：不预付款，最好让施工队垫资施工，完工后结算。若按已完成工程量分期预付款，也应留部分押金，完工验收后结清。若对装修的耐久性产生怀疑，可扣留一定的保险金，待施工期满后付清。另外，付给施工者任何款项时，都要求其打收条，以免过后遗忘扯皮。

⑤装修的安全问题

首先在拆除改造项目上，避免破坏主体结构和构造。其次选用装饰材料要注意其防火性能，要注意电线的负荷能力，将易燃材料远离火源，避免火灾事故的发生。另外，要杜绝偷工减料的现象，保证装修的使用性和耐久性。还有，要求施工队文明规范施工，高空作业时做必要的保护措施，避免伤亡事故的发生。

⑥注意隐蔽工程、细部构件和收尾处理

隐蔽工程验收合格后方允许进行饰面施工，不合格的限期改善修整。注意细部的施工质量，如把手、铰链、滑轮等安装情况及木线、接角情况等。收尾清理工作也十分重要，如涂料与非涂料饰面之间的分界处的涂料污点，玻璃及墙面上的污点清洗，门窗框的污染清理等产生的后果就不仅是美中不足了。

给装修工人定一些工地规矩

家装施工现场，往往会比较乱，给装修家庭造成不必要的麻烦。因此，建议装修家庭最好能给现场的装修工人制定一些规矩。如果双方确定了装修合同，最好把它写到合同里。

①每日工作完毕，关好所有门窗、水源、电源及大门，方可离开。

②爱护室内一切原有设施。不得擅自开冷气机或热水炉。如要凿墙，必须先用板、布或厚纸板覆盖好家具面或地板面，以免撞花。墙身不再油漆或贴墙纸者，不得将木板靠置在墙上。重物或有钉之木板不准在地板面拖动。不准踏在家具面、门、抽屉和面盆上工作。搬运家具或材料时，必须小心，注意不要损坏大厦之走廊、电梯等公共设施。

③严禁烟火，吸烟要在指定区域。因此造成的损失要按价赔偿。

④不要让水泥、砂石、硬纸等建筑用料或垃圾充塞水厕或下水道。不准在浴缸内浸砖，不准在面盆内磨刀。如屋内超过一个厕所，则用工人厕所。在浴室凿墙，必须先用夹板护好浴缸，并用胶纸封闭下水口。

⑤不得留下建筑用料、设备、垃圾或泥块在大厦任何公众地方。

⑥业主所有物品，未经许可，不得擅自处理。

⑦不准将施工人员生活用品乱置于室内。

装修施工检查的方法和原则

①施工进度是否按计划进行；
②手工、做法、用料是否符合要求；
③会不会超出预算。

关于第一点，注意施工是否按进度表进行，施工工序是否先后倒置。

关于第二点，多数业主对于手工问题比较重视，发现问题不必和工人争论或勒令改正，应马上找到现场领班，由他来处理。

关于第三点，已在合同上列明的项目与造价，不必担心；需要留意的是装修中途增加或修改的项目，每次都应问明造价。

⑦及时变更，不留尾巴工程

在施工过程中发现实际效果与设计效果有出入时可考虑对形式、材料、颜色等作必要的设计变更，保证好的效果。如果发现有漏掉的项目，应及时作出补充，一次配套完成。避免待完工后才想起实施，这样后续项目的补充施工会影响已形成的装修效果，并可能增加返工费用。

表6-8　家庭装修常见质量问题一览表

序号	问题	内容
一	基础部分（地、墙、顶面）	
1	渗水、漏水	无防水、防潮处理或次序不当，材料不合格。新布水管安排欠妥或爆裂
2	爆裂	装修物新旧接合部分未做定时养护，或缺少相应辅料
3	变形	材料粘接强度不够，无余地消化材料的膨胀
4	胶落	接触面积太小，或中间有杂质减弱磨擦力
二	电气部分	
1	漏电	线路外皮损伤或开关无防护
2	耗电	电气摆放布置不合理，或线路布置绕弯等
3	线路无法更换	布线管的施工不规范
三	木工饰面部分	
1	变形	木材尚未风干或接缝方式不对，底层潮湿或漏水
2	断裂	木质本身无韧性，造型曲幅较大
3	色差	选料时未展开比较，施工中没有过渡安排。油漆调色不匀，油漆涂刷遍数不一致
4	钉口	未根据装修材料选择相应的钉子。钉头未做防锈处理。钉口补灰的灰色与木色有色差
四	油漆部分	
1	色差	每次调漆的色剂量不同，油漆的涂刷遍数不同，油漆的浓度有差别
2	"掉眼泪"	油漆浓度太大，时间间隙不足
3	"反面"	不同种类油漆的混合
4	反白	油漆表面水汽太重，比如在潮湿季节快速施工
5	起泡	稀释剂的调配出现偏差
五	墙纸部分	
1	起泡	粘结剂的涂抹不均匀，墙体不平，有空气滞留
2	撕裂	墙纸粉质量问题引起张力的不均匀或墙纸饱和
3	脱落	墙纸纹理张力不均匀，无法抵挡水汽的侵蚀
4	水纹	墙纸底部渗水
六	墙地砖部分	
1	脱落	瓷砖无浸水养护或墙面无充分湿水
2	翘空	墙、地面没做淋水处理，磨擦面不够粗糙
3	破碎	粘接料不够饱满，砖与底面有较大空隙
4	不对缝	瓷砖本身几何尺度精度差，或施工不打线
5	变色	瓷砖本身有色差，购买时忽略色号。瓷砖釉面太薄

第六章　怎样签订合同不会有纠纷

装修中途设计有变动怎么办？

许多家庭装修工程在进行竣工决算时都会不可避免提到设计变更的处置问题。那么究竟什么是设计变更？又该如何处置呢？

设计变更主要有两种情况：一是客户原因，如因为对原设计考虑不周、理解不透，或因为产生了新的想法，或因为功能、选材的变化而产生种种变更；二是装修公司设计的图纸与现场实际情况之差异而产生的变更。变更应该属于设计与施工过程中的正常情况。

家庭装修设计变更的难点在于处置，主要问题集中在费用上。因此做好变更的认定和记载是处置的前提条件。

①首先确定变更的原因，若是客户提出的，涉及费用的增减；若是设计施工原因，费用不由客户承担。

②变更必须由书面签字确定下来，并作为合同预算的附件，在竣工后作为决算的依据。

③变更认定的方式应与原报价统一，杜绝变更中的随意性和口说无凭现象。

④通过现场记录，合理解决费用问题。一般来讲除收取材料费、工时费和微利外，其他费用可以不取或少取。

表6-9　家庭居室装饰装修工程变更单

变更内容	原设计	新设计	增减费用（+-）
详细说明			
	设计师　　　装修公司		
家装客户代表（签字）：　　承包人代表（签字）：			

面积越小，设计难度越大

在按住房面积计算设计费时需要注意：设计单价（即每平方米的设计费）应与住房面积成反比。

这是因为，在对面积较小的住房做设计时，设计师要解决的问题其实更多，而且小空间设计更注重空间的使用效率，设计难度更大。在对面积较大的住房做设计时，设计中的问题比较容易解决，而且对有些功能区往往不需要做什么设计，因此工作量相应减少。

家装设计中有哪些常见问题？

①盲目堆砌材料

有些装修业主在观念上把高质量的家居环境等同于高档装修材料的堆砌，虽然投入了相当的金钱，却并不一定能得到满意的使用功能和视觉效果，甚至可能影响居住者的身心健康。

如有的户型的平面与空间与住户的居住使用要求不相适宜，没有通过室内设计和装修加以弥补和调整。

如有些住宅的平面布置、家具摆放不合理，尺度比例不符合人体工学，从而影响人在室内的活动，易引起瞌瞌碰碰的小麻烦。

②缺少个性和文化内涵

在崇尚居室环境的文化内涵和人文精神的一族中，有些设计的表现手法还显拙劣，或者对材质色彩的选用搭配等认识肤浅，缺乏整体美，缺少文化内涵。

如盲目照搬别人的装修样子，装修没有自己的个性和风格，往往受到他人的左右，忽略了住户自身的性格特点、兴趣爱好和生活习惯等。更有甚者，把家里装修成不伦不类的KTV包房或办公室。

③灯光缺少变化

家居的灯光和照明能基本符合生活使用要求，也有一定的艺术性，但在如何与整体室内风格相协调，突出室内空间的层次感方面仍有欠缺；

此外，家庭装修没有考虑家用电器的摆放和布置，随着家用电器设备不断增多，由于没有预先考虑其进入家庭后的适当位置，往往摆放没有和家庭装修融为一体，破坏了环境的和谐。

表 6-10　　家庭装修质量验收记录表

项目名称		实测结果	判定结果	验收人 甲方	签名 乙方	备注
给排水管道	材料验收					
	安装验收					
电气	材料验收					
	安装验收					
抹灰						
镶贴	材料					
	墙面					
	地面					
木制品	材料验收					
	吊壁橱					
	护墙板					
	木地板					
	细木制品					
门窗	材料验收					
	铝合金					
	塑料					
	木门窗					
吊顶						
花饰						
涂装	材料验收					
	清漆					
	混色漆					
	水乳性涂料					
裱糊						
卫浴设备	材料验收					
	安装验收					
质量判断						
竣工日期						
施工地点				合同编号		
需复测项目名称	复测结果	判定结果		签收人姓名		
				甲方	乙方	

发包人代表(签字):　　　　承包人代表(签字):

第七章

怎样让挑剔的家装客户签单

对于家装设计师接单高手来说，家装客户挑剔甚至反对是件好事。挑剔表示有兴趣，家装客户的反对往往成为他们签单的理由。家装设计师的任务只是正确地处理并圆满解决它。

学习要点

1、挑剔的才是真正的家装客户
2、怎样应对挑剔的家装客户
3、不要把挑剔意见当作拒绝
4、回复家装客户挑剔意见的时机
5、要用问句来回复挑剔的家装客户
6、如果客户总是犹豫不决怎么办
7、家装客户总是纠缠价格怎么办

挑剔的才是真正的家装客户

1、怎样理解家装客户的挑剔意见

在家装设计的接单过程中，对于设计师提出的方案和要求，很多家装客户往往都非常挑剔，总是有这样那样的异议，甚至常常会提出拒绝。很多家装设计师都害怕遭到家装客户的拒绝。

家装客户挑剔是对家装设计师在接单过程中提出的疑问、异议、甚至反对意见，并构成最后成交的障碍，家装设计师只有成功地处理这种客户的挑剔，才能有效地促成最后签单。

家装设计师接单的过程实际上就是一个不断刺激家装客户，使其对设计师提供的家装方案作出签单行为的反应过程。无论最后成交与否，家装客户都会有所反应。这是一个传递家装信息，刺激家装欲望，引起签单反应的信息过程。因此，家装设计师在接单时遇到家装客户挑剔是一种必然的反应——设计师接单的过程，实际上就是客户提出异议的过程，而设计师正确处理异议，就是一个信息传递、接收、整理、反

挑剔会透露出客户签单动机

挑剔表示有兴趣，没有挑剔表示没有兴趣。成功签单遭遇的反对数量是不成功的两倍。同样的，当家装客户开始在你的方案上找麻烦，你应该暗自感谢，终于引起了他的兴趣。

反对意见会透露出家装客户的隐藏签单动机。当一个家装客户对你的介绍提出异议，也就是说，你的设计的这一部分对他很重要，而他需要更多这方面的资讯。你必须要建立起一个让家装客户能舒适地向你表达对你提供的家装设计方案的意见和看法的环境。

第七章　怎样让挑剔的家装客户签单

设计师应提供哪些装修服务？

为了居室设计更适合于装修家庭个性，设计师应本着诚恳负责的态度，取得客户的充分信任。

①注重装饰范例的介绍

这是设计师与客户沟通的重要步聚，对设计定向有直接的影响。博览优秀的家庭装修范例，能直观、全面、快速地启发双方的思路，找到结合点，介绍设计师自己的成果，给客户以信任感。

②了解客户的资金概算

只有充分了解客户的资金投放情况，才能在有限的预算下，发挥最大的效益。装修费用是室内设计的重要环节，直接影响室内建材品质和档次定位。因此应在了解了客户的资金概算前提下再做合理的设计与规划，以免因为资金的限制而与设计错位。

③当好客户的省钱顾问

向客户介绍选材与设计、选材与档次、选材与造价的关系以及设计与造价、设计与施工的关系，使其了解所选材质的优劣、工艺的简繁以及适用范围，使居室选材更合理、施工更简便、费用更节省、效果更理想，避免因豪华的设计带来超支和浪费。

馈、再传递的过程。

其实，对于家装设计师接单高手来说，异议或拒绝是件好事，它们在签单过程中很重要。没有一个家装设计师签单是绝不会遭到拒绝的。接单最多的设计师，往往都是遭到拒绝最多的设计师。不管你的方案多么精彩，介绍得多么详尽，一定还会有你必须在进入最后签单前要搞清楚，而家装客户还未说出口的问题。他还在怀疑，还在犹豫不决，还没有完全了解。至少，家装客户要你知道他很聪明机警，在还没有透彻了解之前，他是不会去签订任何东西的。

因此，挑剔表示有兴趣，家装客户的挑剔和反对意见往往成为他们签单的理由。设计师的任务只是正确地处理并圆满解决它。

2、搞清楚客户挑剔产生的根源

总体而言，客户异议产生的根源在于家装客户和家装公司两个方面。

在家装客户方面，主要是其心理障碍——客户的偏见、习惯、经验、知识面的宽窄等都可能导致接单障碍。对此，设计师在接单中只能采取各种说服、示范技巧，使客户提高认识，扩大知识面，改变偏见和习惯。

在家装公司方面，家装设计师方案的好坏，施工和材料的价格、质量，保修服务及设计师的行为，促销策略的运用等方面是否存在问题，都与客户异议有关。当然，客户异议的主要根源是客户心理方面，因此，对客户心理障碍进行分析，将有助于家装设计师施展接单技巧，采用正确有效的方法，转化客户异议。

一般来说，家装客户的心理障碍包括以下几个方面：

①认知障碍

设计师的家装方案与家装客户原有的家装想法相差太大，显得明显对立，从而使设计师的家装方案遭到拒绝而形成障碍。因此，设计师要首先了解家装客户对设计方案的态度，搞清楚双方的差距。有时客户是由于"不了解"——比如没看懂设计师的方案；有时是"没有认识到"——比如没有认识到该方案能满足他的需求，这都需要设计师更详细的说明和介绍。

②情绪障碍

情绪障碍通常是由于人们的特定态度所形成的动力定型所造成的阻碍。人的情绪是客观现实与主观需要之间的关系的反映，这种需要得到满足，便引起积极情感，否则，便引起消极情感。人在形成某种态度后，总是伴随一定的情绪成分，形成一定动力定型，动力定型具有保守性，要改变它常会受到一种本能的抵抗。因此，家装设计师的方案如果不符合家装客户的动力定型，就会本能地激起其对抗情绪，设计师在接单时应尽量减少这种对抗情绪。此外，设计师接单时如果伤害了客户自尊心，也会造成客户情绪性障碍。

③群体障碍

群体障碍主要源于从众心理。这种现象是指家装客户在接单过程中常常表现出不顾设计师提供的家装方案的好坏，而不加批评地接受大多数人的家装想法和意见。

④行为障碍

行为障碍就是当家装客户感到自己的认识之间或一种观点与自己的行为之间存在不一致时，就会产生心理上的不安，从而拒绝家装设计师的说服。

因此，家装设计师在应对挑剔的家装客户时要特别注意分析家装客户的各种心理障碍。

怎样应对挑剔的家装客户

1、做好从容应对的心理准备

任何家装设计师在接待一个家装客户时都要有一种坦然接受和应对客户的良好心理。家装客户挑剔是必然的，而能否妥善处理好家装客户的挑剔是实现成功签单的必经之路。

2、要习惯听家装客户说"不"

家装客户说"不"或许并不是针对我们个人，也许是遇到了什么事或进入了一个感情误区，如果设计师能引导客户把心中的不快说出来或许就能成为我们的潜在客户。

应对挑剔时要冷静轻松而友善

每当开始家装接单对话时，你一定要假设家装客户若有任何合理的反对意见，你必然也会有个合理而可行的应对答案。假如不管基于什么原因，反对理由实在无法克服，就应该很平和地接受这样的状况，然后去找下一位家装客户。

在任何一种情况下，不管家装客户说了些什么，你都必须在整个家装设计对话的流程中保持冷静、轻松和友善。

第七章　怎样让挑剔的家装客户签单

避免跟客户争吵的技巧

设计师在接单时，在任何情况下跟家装客户争吵都是十分有害的。家装设计师想要与家装客户不争辩，是要有一些技巧的。

（1）保持沉默，但要微笑；

（2）转身去做一件小事，比如咳嗽一下；

（3）打断客户的话，转而谈论一些与争论无关的事情；

（4）接住客户的话题转而谈论其他的话题；

（5）表示某种歉意，打消客户争论某个问题的兴趣；

（6）让客户稍等一下，可借故去个厕所；

（7）改善一下气氛，给客户倒杯水。

什么时候必须直接反驳

一般为避免争辩，设计师应尽量避免与客户发生直接反驳，但是有些情况必须直接反驳以引导客户不正确的观点：

（1）客户对公司的服务、诚信有所怀疑时；

（2）客户引用的资料不正确时。

但设计师必须注意态度诚恳，对事不对人。切勿伤害了客户的自尊心，要让客户感到你的专业与敬业。

3、避免和家装客户发生争吵

要想把钱从家装客户口袋里掏出来，设计师就必须避免与客户争辩。真理越辩越明，这句话对设计师接单来说是错误的。即使争论中你胜利了，但却会引起客户的反感，结果是你一定会失去成交的机会。

不妨尽量表达对客户意见的肯定看法，让客户感到有面子。记住：逆风行进时，只有降低拒绝，才能行得迅速，不费力。

4、排除成交障碍，不伤感情

家装设计师必须要学会在不伤害家装客户的前提下消除客户的思想障碍或有可能使障碍形成的思想。如果是设计方案的问题，就应着力于方案的说明和调整；而如果是价格的问题，则最好尽快对价格进行解释或调整。

5、选择排除障碍的最佳时机

在大多数情况下，只要客户提出异议，设计师就应当立即回答，但在特定情况下，如过早提出价格问题或客户质疑的问题与要讨论的事无关，也可不立即排除障碍或采取拖延回答的方法。

6、先发制人，避开枝节问题

先发制人就是家装设计师在接单时先不点明客户的疑虑，而是采取充分的事先"预防"措施，防止客户率先提出，形成障碍。比如，接单时预想到可能会遇到价格问题，设计师在介绍方案时就预先对各种价格相关问题做出各种处理方案。

此外，设计师切忌为一些与接单无关的问题而陷入与客户的争吵之中，对于客户的偏见或古怪思想，也不要试图去改造他，只需注意他对家装方案的意见就可以了。

不要把挑剔意见当作拒绝

很多设计师会把"挑剔意见"误认为是"拒绝条件"，其实，挑剔意见和所谓的"拒绝条件"是有差异的。

挑剔意见是一种必定有合理答案的疑问；而拒绝制条件

第七章　怎样让挑剔的家装客户签单

则是家装客户无法跟你签定家装方案的真正理由，它是无解的。你根本对它一点办法也没有。你只有接受它，了解这位家装客户不是你家装设计签单的理想候选人。

在设计师接单活动的流程中，你会遇到无数的问题、疑虑及挑剔意见。家装客户会问大大小小有关你的设计方案、公司的实力、施工与预算、维修与保修各种问题。你能否掌握完满地答复这些问题的技巧，将是能否达成签单的关键。

不过，不论你听到多少挑剔意见，它们都可以浓缩或归纳成六大类，这就是所谓的六大法则。

你会发现最常听到的反对意见可以归纳成六大问题：

①装修价格；②设计方案；③施工质量；④竞争问题；⑤公司实力；⑥维修保修。

所有的反对都会围绕着这六类主要问题打转。有时候只归纳成二三个主要问题，但很少会超过六项。

对这六类主要反对意见或问题都定义清楚了，你接下来的工作就是要去为这些问题逐一找出刀枪不入的回答。你的工作就是要提供一套完美的家装设计和施工报价方案，以许多详

客户挑剔并不就是拒绝

但有趣的是，大多数的家装客户刚开始都会觉得他们的挑剔意见就是限制条件。当他们提出挑剔意见时，就觉得家装设计签单对话应该喊停了，或已经没有什么好谈的了。

你应该了解这一点，并准备让家装客户知道，他的挑剔意见并不是真正的一种拒绝条件，这只不过是一个可以合理解决的障碍或困难而已。

先把挑剔意见"定义"出来

家装设计师要按照这六大类型，先把反对意见一一"定义"清楚。你应该用不超过25个字的问句形式，把爱挑剔的家装客户所质疑的每项主要反对意见定义出来。

家装接单实例 7-1

1、先把挑剔的意见"定义"出来

这是一套跃层式住宅，主人是中年的夫妇带一个儿子。家装客户第一次接触设计师时就带了一套设计方案图纸，这是他们以前请其他设计师做的方案，但是他们觉得不满意，想请设计师重新做一个。

首先，家装双方对原设计方案进行了充分的沟通和交流，特别是重点分析了家装客户对原方案不满意的地方。先把挑剔的意见"定义"出来，最后总结概括定义如下：

（1）房间功能布局和面积分配不合理，如主卧室面积相对较小，"主卧室不主，次卧室不次"，主卧室卫生间也存在同样的问题。

（2）家装设计没有个性特点，总感觉似乎和别人家一样，没有令人激动的地方。如客厅和卧室的布置和设计。

2、逐一找出刀枪不入的回答

对于家装设计来说，就是要争出一个解决方案，最好是当场手绘出新的平面布置图。因此，设计师主要针对以上两个方面，对原平面布置图做了调整和改造。

（1）调整二层主卧室格局，改变床的布置方向。

（2）调整客厅楼梯间和楼梯方向，使得客厅布局更加合理，流线更加顺畅，跃层式住宅的客厅通高效果更加突出。

一层平面图　　二层平面图

家装客户提供的原设计方案平面布置图

第七章　怎样让挑剔的家装客户签单

精心找出家装客户挑剔的原因

家装设计师应该精心找出家装客户挑剔的理由，然后提出反驳：什么是你家装客户不愿意签单的主要原因？什么是主要的反对理由？你能提出什么东西向家装客户证明，而推翻他的反对理由？

这里给你一个填充题："假如我的家装客户不曾说……以表示反对意见的话，我可以'搞定'任何一个我谈过话的家装客户。"请完成这句子。

尽的设计图纸、彩色效果图、设计模型甚至材料样板、推荐、研究成果及书面的比较资料为后盾，规划出一套无懈可击、合理、有力的回应。你的目标就是要在下一次这类问题再度出现时，早已做出充分准备，能言之凿凿地让这类问题在你的家装设计接单过程中永远不再被提起。

那些家装接单高手常常首先能够透彻思考家装客户不签单的理由，然后准备好以有力的证据提出绝佳的反驳。当他们听到家装客户问起某个问题时，心里会微笑。他们深知自己早已胸有成竹，足以应付知识最丰富的家装客户所提出的最棘手的反对意见。同理，想要让自己成为行业的翘楚，你要能够从容应付那些最常听到的反对意见，这种能力甚至要高到你实际上会希望它们出现在你的家装设计接单对话当中。

3、找出原因并提出解决方案

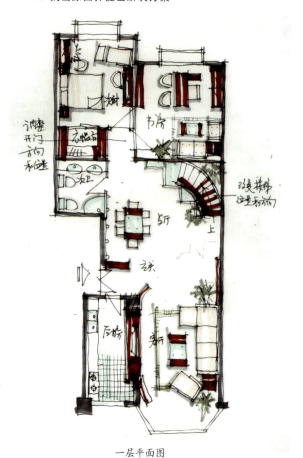

一层平面图

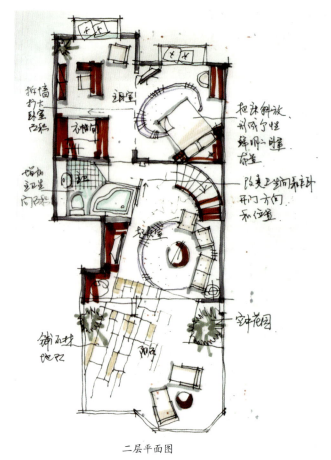

二层平面图

设计师当场手绘的调整后方案

第七章　怎样让挑剔的家装客户签单

回复家装客户挑剔意见的时机

什么是处理挑剔或提供回答的最好时机？这要看许多情形而定。但是基本上有五个不同的时机是最适合去回复家装客户所提出的反对或疑虑。

第一个，通常也是最好的时机就是在挑剔意见还没有出现以前。这就是所谓的"先发制人"。假如你了解所有的家装设计方案都不免遇到某些反对，你就先把挑剔意见提出来并推翻它，好让它无法盘踞在家装客户心中来干扰他专心听你的家装设计介绍。

不管主要的挑剔意见是什么，你都要准备在一开始就将它打得落花流水。抓住它，狠狠地捣成稀烂。不要让它成为一种拒绝的理由，让家装客户没办法在后来把它当成停止讨论的借口。

第二个应付挑剔的时机就是它们早在家装方案介绍初期出现之时。有些挑剔意见必须要立刻回应，尤其是有关否定你公司的诚信或对本人能力的负面评价。你没有办法不先去回答这些问题而继续介绍你的家装设计，这些未被澄清的问题会一直在家装客户的心中蠢蠢欲动。你一定要直截了当地彻底解决这些问题，并且要让家装客户得到圆满的答复。必须以一种非常肯定而专业的态度来应对。要尊重家装客户的考虑，然后提出说服力十足的证明来显示他所得到的资料并不正确，是一些有偏见或完全不正确的资料。只有当他完全满意你的答复之后，才能够继续进行下面的家装设计流程。

回答挑剔意见的第三个时机就是家装方案介绍之时。你做家装方案介绍必须认真准备，当你说到哪些要点或介绍哪些方案优势的时候，家装客户会提出哪些挑剔意见。你应该准备好有说服力的答案，并在接下来的介绍中回答这些问题。在家装设计介绍的流程当中，能够预测并胸有成竹地回答家装客户的挑剔意见，会让你看起来是位真正的专家。

回答挑剔意见的第四个时机就是在家装方案介绍的后期。许多反对意见都是烟幕和随兴的问题。它们不需要长篇大论

只在适当时机回复挑剔意见

家装设计师接单高手只在适当的时机回复挑剔意见。要记住，在家装设计接单流程当中，时机最重要。你说话的时机有好坏之分。它们有时候太早，有时候又太迟。身为专业家装设计师，你的工作就是去掌握正确时机，有条理地陈述你的资讯和论点。而每个论点都必须以其他论点为基础。

最好的时机是还没出现以前

处理反对意见最好的时机就是还没出现以前。

举例来说，你的设计费比竞争者的昂贵，且知道价格问题会成为主要的反对理由，你就应该在接待对话一开始时就这样问：

"某某先生，在我开始以前，我想告诉你，我们的家装设计收费是市面上最高的。然而，即使是这样的价位，好几位类似你的人已经请我们做了设计。你想知道为什么吗？"

用这招先发制人，家装客户就没有办法再说："你的价格比别人贵。"你已经告诉过他了。

最好能预测并回答挑剔意见

家装设计师最好能够预测并回答出挑剔意见。假如你预期会有个反对意见并已备妥答案，但家装客户却没有提起，你通常可以这样说：

"说到这一点，很多人都会问我们，凭什么你们可以这样说。以下就是我们这样说的基本理由。"

这种说法不仅会使家装客户印象深刻，而且你可能因此清除了可能在后来介绍流程中会被提起而破坏签单的障碍，同时也能增加家装客户的信赖度，并加强他请你做家装的信心。

第七章　怎样让挑剔的家装客户签单

聆听会建立彼此的信任

家装设计师要学会聆听。不管家装客户说些什么,你一定要从头听到尾。即使你已经听过好几千遍了,也必须耐心而专注地聆听他的反对意见。抑制你想中途打岔、抢答你早已拟妥说词的欲望。在他的问话流程中,只听不说的另一项重要理由就是,往往问题的结尾会出乎意料之外。通常问题或反对意见后段的20%,会包含这项反对意见80%的价值和重要性。当你从头到尾听他说完,你就越能够了解并回答他心中的真正问题。

千万不要忘记,聆听会建立信任。家装客户告诉你的每一项反对意见和问题,都是给你进一步接近接单成功的阶梯。

把挑剔意见转变成一种问题

你应该把挑剔意见当成是别人在征询更多的资讯,把挑剔意见转变成一种问题。你的家装客户有时会这样说:"太贵了!"你只要说:"这是一个很好的问题。但是你知道它为什么会这么贵吗?"

问题越多,越可能会签合同

家装设计师应该学会赞美你的家装客户。

当你赞美你的客户能提出好问题的时候,他会觉得与你相处很愉快,而鼓舞他去问更多好问题。当你听到一个反对意见,并把它重新转换成问句时,你就把谈话中的对立气氛转换成协作气氛,和你的家装客户一起寻找事实真相。

很快,家装客户就会不停地问:
"为什么这样……"以及"为什么那样……"
他会因为你澄清了他心中对你的家装设计或服务的大小疑虑,而感到很舒服。他的问题越多,将来就越可能会去跟你签定家装合同。

地回答。你只要说:"可以等一下再谈这个问题吗?我一定会给你满意的答复。假如家装客户说:"没问题。"你就继续家装方案介绍。但在心里记住,在你将家装设计主要利益清楚解释完成之后,再回到这个问题。

第五个回答挑剔的时机就是永远不要提起。如果问题是在方案介绍的早期提出,但后来却没有再度被提起,那么就算了。往往家装客户提出反对或问题,只是想证明他们是在注意听,但这些挑剔意见其实是无关紧要的。假如家装客户在后来并没有再次提起它们,就表示这些不重要,或是他已经忘了。

要用问句来回复挑剔的家装客户

你必须很有风度地回应挑剔意见。当有人抱怨或批评你家装设计方案的某个部分时,应该专心地听,停顿三到五秒钟仔细考虑家装客户所说的话,然后很清楚地作答。

许多设计师高手在接单中常用的最好的问句就是:"这句话你能说得具体一些吗?""你真正的意思是什么?"

这种开放式的问句几乎让人无法不回答。当你用这样的问句回复反对意见时,家装客户就会把他的考虑补充说明,并且澄清他反对的理由。你可以一再使用这个问句去问他,而每次你这样做,家装客户就会给你更多的资讯。很多时候,只要你用这样的问句不断问他,他往往自己就解开了反对的疑虑。

要赞美每一项挑剔意见,把它当成是对你家装设计的一种很有见解、观察入微的评论。你越赞美家装客户的挑剔意见,他就越可能再提出其他的挑剔意见。他最后会让你了解他考虑签单你家装设计或服务的每一项疑虑。不管因为什么理由,当家装客户表示挑剔意见时,你就说:"这的确是个很好的问题!我很高兴你能提出来。"

另一个你可用来冲淡挑剔意见和控制家装接单对话的有力问句就是:"某某先生,你显然有很好的理由这么说。我能请教那是什么理由吗?"在这个句子中最有力的字眼就是:"你显然"。每当你用这些字眼开头说一句话时,你就是说家装客户的考虑很明智而且实在,并且显然经过诸多考虑。你用

第七章　怎样让挑剔的家装客户签单

微妙的方式来恭维他,并且鼓励他去详述他的考虑。当家装客户详细说明他的疑虑时,你和他会更清楚地了解这个议题,并使你更有效地回答他的问题。

"挑剔意见就是登上家装成功签单的阶梯。"它们是家装设计流程中很重要的一个部分,而你的回应方式也将决定家装设计结果的成败。

如果客户总是犹豫不决怎么办

有时设计师已经把所有的接单工作做完,家装客户似乎也都非常满意,但是,他就是犹豫不决,迟迟不肯签单。这就要求家装设计师学会处理家装客户最后的反对意见,也就是所谓家装接单的结案技巧。

当家装客户不愿意继续进行对话,又不肯告诉你原因的时候,你就问:

"某某先生,你心里似乎还有一些疑问让你不愿意继续讨论下去。我可以请问是为什么吗?"

当你问出这样的问题之后,一定要保持完全的沉默。在家装设计接单当中惟一可以施压的地方就是,在你问了一个关键问题之后,保持沉默。假如你让沉默悬在那里,家装客户最后一定会用回答你的问题来填补这一段空档。

不管他回复的是问题还是反对意见。你都必须要表示了解并赞美一番:

"某某先生,这的确是个好问题,我很高兴你能够提出来。除此之外,是否还有其他的问题让你犹豫不决,难以决定现在就签单呢?"然后,你再度保持沉默。

通常第一个拒绝的理由只是烟幕,真正的拒绝理由还藏在表面之下。假如他告诉你另外一个拒绝理由,你要表示了解,并且继续问下去。

你继续问道:"除此之外,还有其他的吗?"

一直到家装客户最后说:"没有了,这是我最后的疑虑。"

家装客户可能会这样说:"我想和小区中两三位请你做过家装设计且觉得很满意的人谈一谈之后,才能够做最后的决定。"

剩余挑剔意见的结案方式

家装设计师要学会处理家装客户最后的挑剔意见。

一般家装客户似乎都会先给你一些比较不重要的拒绝理由之后,最后才会说出主要的挑剔理由。家装客户似乎知道,一旦你问出并回复了他们最主要的反对理由之后,他们就没有理由不进行下面的步骤。所以他们通常都会扣住最后的反对理由,不让你知道,以免必须做出签单的决定。

你可以这样问:"那么,假如我的回答能让你满意,你会准备现在就签单吗?"

一直要等到家装客户说出这样的话"假如你能够解决那个问题,我想我没有什么理由不签单你的家装设计。"

然后你就问:"某某先生,请告诉我,我要在这方面做些什么才能让你满意呢?"

家装客户对这个最后问题的答案就是结案的条件,这是你要成交之前必须越过的最后一道栅栏,是你需要清除的最后一道路障。一旦他告诉你是什么之后,现在轮到你负责去满足这些条件,然后达成签单。

第七章　怎样让挑剔的家装客户签单

开始时要避开价格问题

当我们第一次接待客户还处在客户家装咨询阶段的时候，如果价格问题在谈话初期就出现，你就应该把它拖延到后面再谈。

就好像斗牛士在牛冲过来的时候会闪躲一样，你也要避开价格问题，让它闪到一边去。正如我们过去介绍过的，应付这种问题最好的方式就是说："某某先生，我知道价格对你很重要，而且我等一下也会做完整的介绍。我能不能几分钟之后再回复你这个问题？"

价格高低只有客户才能决定

市场永远只有家装客户才能决定价格，你给业主提供的家装设计或施工服务的价值可能比另一家的高，或者低；公司的定价只不过是猜测家装客户愿意付出的价格。有时候猜对，有时候猜错。

你可以这样回答："某某先生，与其浪费时间，不如我们现在就把它纳入成交的条件之一。如果你和两三位家装客户谈过而且感到满意，我们就完全依照我们讨论过的条件签约。"

家装客户总是纠缠价格怎么办

现在让我们再度把议题转到价格上。价格问题经常在每次家装设计接单对话刚开始没多久就会被提出来。往往在家装客户还没有了解清楚你提供的设计方案是什么之前就会脱口而出："这要花多少钱？"不管你的家装方案档次如何，报价多少钱，他的最初反应都会是"太贵了，我们承受不起。别的公司的价格比你更便宜。我们现在不想签单。我们不想花那么多的钱。我们没有这项预算。我想留下资料，让我再考虑，过一段时间我再来吧！"

但你要记得，有意愿付钱和有能力付钱是两码事。一般人可能在一开始的时候不愿付出一笔钱，但这并不表示，他们在经你一番游说，并相信你所提供的东西物超所值之后，他们付不起这笔钱。而这就是你在家装设计接单流程中的主要任务。

1、弄清楚价格对成交的重要性

当家装客户提出价格异议，家装设计师必须再三强调从家装公司提供的服务中可获得的利益。很多设计师有一种错误想法："只要价格低，家装客户就一定会要"。其实，我们知道，家装客户跟设计师讨价还价的原因是多方面的，但是"家装客户并不是真的因为我们的家装价格贵而不要，也并不是我们把价格降下来他就一定要"，家装客户需要的是你的家装方案所提供给他的"价值"，这个价值在他的心目中到底值多少钱，应该付多少钱才合适。

2、价格很少是决定签单的主要理由

价钱的便宜与贵是相对的，当家装客户认为我们提供的家装服务价值高的时候，客户就愿意掏钱，也不会觉得贵，如果客户没有认识到我们家装方案的价值，他感觉不到价值的时候，他肯定会觉得你的价钱贵。

只有当家装方案在设计风格、材料及施工工艺等各方面

第七章　怎样让挑剔的家装客户签单

皆无差异的状况下，价格才是签单的惟一因素。只有在家装设计一模一样而家装客户无法分辨差异的情况之下，价格才是决定因素。你的任务就是要去发现你家装设计方案非价格因素的差异性在哪里，然后把家装设计介绍的焦点集中在那些家装客户心里会承认物超所值的好处上面。

因此，家装设计师在跟客户讨价还价时强调家装方案的价值。并且要做到：先谈价值，后谈价格；多谈价值，少谈价格。

3、学会制造价格便宜的错觉

家装设计师在可以利用各种方法制造价格便宜的幻觉：如以最小的单位报价；把价格与价值结合起来；把价格与支付的费用结合起来；把家装价格与使用寿命结合起来，等等。

当你做一个比较昂贵的家装工程时，你必须用有说服力的数据和无懈可击的数学演算结果，把家装客户的注意力，由最

让你的设计方案没有可比性

没有人会多付钱去购买看起来相同的家装设计方案或施工服务。你要能够把你提供的家装设计方案与服务与竞争者区别开来，并且要让家装客户知道，他所得到的价值，在抵销高出的价格成本之后，还绰绰有余。

仅仅改变一下主卧室床的常规摆放位置，使卧室更加具有个性，显得别致有变化与众不同。简单地改变就使得家装客户十分满意。自然对设计师的报价也没有什么异议。

设计师当场手绘的主卧室效果图

第七章　怎样让挑剔的家装客户签单

初的价格移转到他花钱真正享受到的实际价值上，必须用家装工程生命周期总成本的核算来使家装客户明白。

4、创造建议性降价

当价格太高会影响我们的成交时，我们还是要考虑降低价格的。但是我们却忌讳直接降，可以建议性降：比如把降价与扩大装修总价结合起来；把降价与促销结合起来，等等。

有时，在设计师接单时，这样的状况会把你迷惑住：不管价格是多少，它总是超出家装客户愿意付的钱。它永远会比预期的价格更高。假如你一开始不小心，就会陷入价格讨论，然后再做辩论，最后你大部分的时间都花在与竞争价格纠缠，以及与家装客户讨价还价之上。

家装客户装修时总是说："太贵了"，也许仅仅是客户的一个习惯，你完全可以不必太在意。

这些就是设计师在家装接单时应付价格问题的关键，也就是你家装接单成功的关键。

争取当场取得客户对方案认可

家装客户对设计方案如果有不喜欢的地方，最好当面直接指出。设计师应当用最快的速度当场重新改过，并争取让家装客户当场做出认可。也就是说，不满意的地方，当场改正，不要等到客户下次见面后再说。因为下次，客户的意见又会是另外一个样子了。

但有时，家装客户由于对设计师的方案看不明白，所以往往都很难当场给出意见。这就要求设计师有较好的手绘能力，尽可能用徒手画效果图表现出来，最好要有彩色的透视效果图和相应的说明。

家装客户对于新居未来装修的样子，心里一定要明明白白才行。

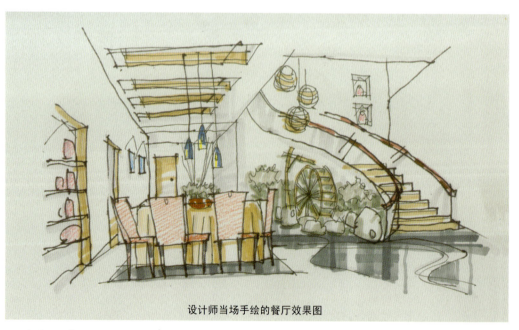

设计师当场手绘的餐厅效果图

把客厅原来的楼梯面进行改造，突出跃层式住宅通高大厅的特点，使其成为华采乐章的闪光点。

对于这个楼梯改造的报价方案，起初家装客户是不同意的，认为没必要。其实是对花这么多钱来改造楼梯和装修后的效果心理没底。

但是，当设计师当场手绘出楼梯完工后的装修效果后，家装客户马上很快地就签字了。

第八章

家装接单六种强效成交技巧

有六种方法能够将家装设计接单过程引导到对你有利的结论，并且维持日后的关系品质。这六种成交方法绝对会对你的家装设计接单有巨大的帮助。

最重要的是，你得要求家装客户下订金。要在所有的解说结束，家装设计接单流程进入尾声之际，请求家装客户作出签单决定。勇气和胆识是构成家装设计师接单高手的基本特质。

学习要点

1、家装成功接单的基本条件
2、学会分析和把握家装客户
3、怎样抓住家装客户签单信号
4、寻找出家装客户签单的热钮
5、家装接单六种强效成交技巧

家装成功接单的基本条件

1、影响家装签单的主要因素

①影响家装客户签单的客观因素

从宏观的角度看，主要指环境因素，具体指政治法律因素、经济因素（购买力、收入水平、消费结构等）、技术因素、社会文化因素等，设计师的接单过程无处不在这些因素的影响和制约之中。

从微观角度看，影响签单的客观因素主要指竞争者、客户等因素。

②影响家装客户签单的主观因素

设计师还应了解影响签单的主观因素，主要包括家装公司为目标客户服务的能力，家装公司的信誉和家装设计师自身的整体素质。

2、家装签单成功的基本条件

家装设计接单成功需要有一个过程，并要具备一些基本条件。

要时刻注意竞争者的影响

竞争者对家装客户签单影响很大。家装设计师要在熟识竞争者各方面情况的基础上，时时采取防范措施，以使成交免受其他干扰和插入。

客户因素起举足轻重作用

客户因素对成交起到举足轻重的作用，因此家装设计师要深入分析签单前客户的心理状况，对签单影响的程度，以及不同类型的客户在签单动机、签单行为上的差异性，据此提出相应对策，促成签单的实现。

相互信赖是签单的基础

家装设计师同客户的这种相互信赖的关系与成功签单是相辅相成的。

一方面，前者是后者的基础——家装设计的接单过程绝不仅仅是介绍方案、讨价还价、签订合同的简单过程，客户往往利用这个机会判断设计师的能力和品格，他们尤其注重的诚意，这不是能用技巧和严谨的法律条款所能取代的。家装设计师的诚意，是通过很高的价值感、公平解决困难的决心以及履行合同的责任感体现出来的。否则，如果客户发现上当受骗，就不可能成交。

另一方面，签单又为双方感情的建立和培养创造了条件——接单是一种特殊的交往行为，设计师和客户分别代表着交往的一方，接单成功正是在这种交往中实现的。设计师正确地认识自己在这种交往中的地位，自觉地去适应客观形势，主动接触客户，处理问题，与人为善，相互提携，与客户建立长久的友好关系，从而就能为更多的接单成功打下良好的基础。

①签单成功最基本的条件就是家装设计师所提供的家装方案充分满足客户的种种需要，且在满足程度上优于竞争者。

签单的机会往往与客户需要的强度成正比，越是能满足客户最近的、最强烈的需要，就越能成交。家装客户的需求是整体需求，通常包含四个方面的内容：优秀的设计方案，适宜的装修价格，高质量的施工工艺和材料，合理的服务及维修保障渠道。其中优秀的家装设计方案是核心。

②签单成功的基础是家装客户同设计师的相互信赖。

客户同家装设计师的相互信任，尤其是客户对设计师和他所代表的家装公司的信赖，是成功签单的基础。只有在家装信誉好，公司信誉高，设计师方法得当的条件下，客户才会毫不犹豫地签订家装合同。

家装设计师同客户的这种相互信赖的关系与签单是相辅相成的。一方面，家装客户的信赖是签单的基础；另一方面，签单又为双方感情的建立和培养创造了条件。

③签单的关键是识别出家装决策者。签订家装合同，最后拍板，往往要由家庭中拥有决策权的人来完成。家装设计师必须弄清楚谁是家装决策者，这样才能减少无效劳动，提高接单成功率。

学会分析和把握家装客户

家装设计师接单时，首先要学会分析和掌握家装客户，因为不同的家装客户需要用不同的方式去接触。

我们知道，在家装设计师接单时，第一次接待客户的几分钟是最重要的，而其中最关键的也许就是最开始的头几句话。

大部分的设计师都以为别人的想法都会和自己一样。当他们第一次接触一个新家装客户，或在为家装客户介绍方案时，他们都过于以自我为中心，当谈到自己的家装方案时，他们都会畅谈个人认为最具吸引力的方案特色，而无视于每位家装客户对象皆各有不同。其实，家装客户各自有不同的人格形态，需要用不同沟通方式。

第八章　家装接单六种强效成交技巧

1、家装客户为什么要掏钱

一般家装客户请家装公司做家装，有各种各样的原因，但基本的消费模式，就是以下这几种：

①实用型

第一次进行家庭装修的工程中，这一类的客户表现得最明显，他们是温饱型的顾客，吃饭穿衣只求温饱即可，即使买一支钢笔，只要质量保证，能写出字来，他是决不会去强求什么名牌的。你用名牌什么的去引诱他的购买欲望，那真是费了力气，枉花了心思。

这些家装客户大都是普通收入的工薪阶层，房子使用面积都在 $60m^2$ 左右。对他们来说，功能与价格是最主要的影响签单的因素。

实用型

②舒适型

追求舒适的消费行为，在大部分的家装客户身上都表现得十分明显。比如大部分人并不愿意花最少的钱买最便宜的装修材料或设备来装修，而是会购买价格稍微中等一点，功能也稍微丰富一点的装修材料或设备。

这些家装客户大都是一些收入比较高的工薪阶层或刚结婚的年轻的夫妇，房子使用面积在 $90m^2$ 左右。他们比较注重装修的舒适程度，讲究个性，只要不是太过于浪费，在价格上没有过多的限制与要求。

舒适型

③炫耀型

有一些家装客户，在装修时，一定要豪华，一定要名牌，一定要高档货。

其实8000元的沙发，就其使用价值来说，与1000元的沙发没有什么太大的区别，但是，购买8000元沙发的人，他就是要用这样的沙发显示自己的身份，体现自己的审美趣味。他在普通的沙发之外加进了其他的因素。如果你在家装设计和介绍方案时，能够敏锐地捕捉到使用价值之外的审美价值、社会价值，你的接单成功的可能性就会大大提高。

你的家装客户想要的，不外乎是下面这些东西。如果你能够比你的竞争对手更好地提供这些东西，你就比他距离签单成

炫耀型

第八章　家装接单六种强效成交技巧

炫耀型

用客户接受的方式接单

家装设计师在接单时必须采取家装客户容易接受的方式和形态去进行沟通和交流。设计师在接单时一定要学会适时调整自己的接单方法及接单过程，并符合家装客户的人格特质的需求。

例如，家装客户说话很快，干脆利落，那你千万不要慢声细语、吞吞吐吐，否则，客户就很难很快接受你——人们都希望和自己人格特质相同的人共事。

豪爽型的家装客户类型

这类家装客户都有些领袖气质，喜欢主导全局及控制权，他们关心家装的整体效果是否满意胜于关心其他任何事，而他的问题也会集中在如何达成家装的最后目标。他们会把你的家装方案的设计、实施和完成过程当成他人生经历中生活素质更进一步提高的一个支点，而这正是你应该精心设计和表现的方向。

功更近一些。

①适合的家装方案（设计方案、报价表等）与服务。诚实守信。

②对你的设计水平、公司施工质量和管理能力有信心。

③出现问题能够提供有效的帮助和解决。

④能连续提供包括家装后维护和保修等优质服务。

⑤对你提供的家装方案和家装服务的缺点，你能够坦诚相告。

⑥理解家装客户的支付能力与支付方式。

2、家装客户的性格与风格

你对家装客户在家装接单过程中表现出什么样的性格与风格特点，要心里有数，那样，你的说话与行动就有了针对性。注意，一个家装客户喜欢的，或者某些家装客户喜欢的，并不是所有的客户都喜欢。

这些典型的家装客户类型有：

①豪爽型

与这种家装客户做家装，是最令人省心的事情，他要就要，不要就不要。价格上面也很爽快，只要你的出价合理，几乎不用什么谈判，很快就能定下来。

这种类型的家装客户就是外向而具有工作导向的人。这种人最常见于创业家、设计师、公司业务经理，以及职务上需要不断讲求明确、量化成果的人。他们最关心的就是底限目标及达成任务。他非常没有耐性，直截了当，而且讲求重点。他对细节没有兴趣，要的是直接答案。指挥人员决策迅速而坚定。他惟一的问题就是："你的家装方案如何帮我把家庭装修搞得更快更好？"

②佛面刮金型

这种家装客户总想占一点便宜，不论对什么人，不占一点便宜生意就谈不成，即使到了最后，他仍然想要你做出让步。对这样的客户，你要做好充分的心理准备。让步要慢慢来，一次让完了，后面就没法谈了。

还有一种"得寸进尺型"的家装客户也比较类似，这种客

第八章　家装接单六种强效成交技巧

户在获得第一次好处后，会不断提出更大的让步要求，直到最后，把你的利润空间挤得几乎成了零。然后在下一次交往中再接着要求你的让步。这是非常精明的客户，与他们打交道，你要做好最充分的准备。但他们有一样好处：信誉很好。

③猛张飞型

这种人的个性外向，具有强烈的人际关系导向。他们通常都会滔滔不绝，且喜欢谈论自己及对方。交际人员类型是具有高度成就感导向的。他的家里装饰着各种奖牌、奖杯，以及奖状。他们非常热爱权力及影响力。这种性格通常又被称为决策者个性。这种人喜欢组织及协调去达成一个特别的任务。他们有高度的想像力、过人的精力，并且喜欢到处走动。他会在第一天做出大幅承诺，而第二天就忘得一干二净。

④老好人型

这种类型的家装客户都是慢吞吞的、比较安静、遇事举棋不定，最在意别人的好感及与家人的和睦相处。这类家装客户对于签单后该家装方案可能对家人造成的影响特别小心。他的问题会围绕在有关他家人对家装方案的感觉，以及该方案对周围人产生的影响。当你和这类人员交谈时，要把步调放慢，要有耐心并且观察入微。这种人需要汇集很多资讯以及别人的鼓励，才下得了签单决定。"好好先生"是催不得的。如果你说话太快或坚持迅速做决定时，"好好先生"，会变得很不自在。他比较在意别人的意见，并且会在家中及同事中征询他人的同意。

⑤斤斤计较型

这种类型的家装客户也就是那些个性内向的人。这种人在会计、行政、工程，以及电脑程序设计的行业中最普遍。分析人员最在乎的就是精确与细节，他们把工作做得正确视为第一优先，超过其他任何事。分析人员一般想知道到底有谁以前跟你签订过家装合同，签单原因为何，以及他们的目前使用效果如何？这种家装客户的好处是比较守规矩和讲道理，守信用，说话算数。

⑥极端冷漠型

还有一个极端就是冷漠型的家装客户。他们凡事否定、挑剔、无聊、没兴趣，非常难以相处。他们老爱找碴，又不打算签

猛张飞型的家装客户类型

他们脾气比较急，谈话时有时候说话会吓着你，这时，如果你斤两不够的话，就会做出轻易的让步。

要跟这种类型的家装客户签单，你必须加快脚步。你必须将重点放在他身上，并且对他的成就表示印象深刻。他们一般非常希望知道你的家装设计方案如何让他在团队中获得更佳的结果。你必须强调你的家装方案完工后将会帮助他在社会朋友圈中得到肯定，赢得更大的成就感和身份地位感。

老好人型的家装客户类型

对于老好人型家装客户，当你介绍家装方案的时候，你应该强调你的家装设计方案风格特点有多么受欢迎，有多少人会爱用它，以及别人会多么赞成这项签单决定。一定要很温和、友善及有耐心。这些人的决策速度很慢，但是他们最后一定会有所决定。

斤斤计较型的家装客户类型

当你在给这类斤斤计较的家装客户介绍方案的时候，你对细节一定要非常的明确。在家装方案介绍时要提出衡量数据及方法，要提出证据以及别人的见证来证明你所言不虚。只有当他们完全确定每一方面都被涵盖，每一细节都没有失误的情况下，他们才会安心地下决策。

第八章　家装接单六种强效成交技巧

单,你甚至会怀疑为什么这种人要浪费你的时间。和一位冷漠型的家装客户相处是非常疲劳而且压力很大的。他们会拖垮你。一旦你发现和这种人交谈时,就应该有礼貌地退却,然后尽快去接触下一位有希望的家装客户。从此之后,根本不要再想起他。

这种冷漠型的家装客户是家装设计师接单的障碍,只要一不小心,他就会让你怀疑起自己以及自我的能力。

设计师要善于捕捉签单信号

家装客户在决定要跟你签订合同前,一般都会有一些签单信号。设计师要善于捕捉这些信号,适时地提出签单要求,如果过早,则会"吓跑"客户,如果过晚,则会失去成交机会。

签单信号就是家装客户通过语言(语言信号)、行为(动作信号)、情感(表情信号)表露出来的签单意图信息。有些是无意表示的,有些是无意流露的,后者更需设计师及时发现。

一般来说,家装客户签单的信号有:
① 对设计方案给予肯定的评价
② 询问家装方案的细节、材料价格和过程报价、施工实施和完工保修情况
③ 询问设计师或家装公司装修过的其他客户的情况
④ 玩一支笔或一张报价单
⑤ 用手或笔在设计方案上笔划
⑥ 说话的声调变得更加积极、肯定
⑦ 表情由不安、防御转为高兴、放松
⑧ 核对和检查设计方案或报价表

另一个请求签单的适当时机

另一个你知道会是请求签单的适当时机就是,当家装客户开始计算数字的时候:计算这项家装工程要花多少钱?多少价钱才合算?使用这项家装方案能够降低多少成本等。当家装客户在计算数字时,你要保持沉默,不要干扰这项活动。他不能够一边计算一边还听你说话。等他完成计算并抬头看着你时,你就说:"这些选择方案当中。你比较喜欢哪一种?"

怎样抓住家装客户签单信号

签单信号是家装客户在接待过程中言行上任何显露出来的有购买意愿的暗示,家装设计师应富于警觉和善于感知家装客户态度的变化,及时根据这些变化和信号,来判断签单的"火候"和"时机"。一般情况下,家装客户的签单兴趣是"逐渐高涨"的,且在决定签单时,心理活动趋于明朗,并通过各种形式表露出来,也就是向家装设计师发出各种签单信号。

第一个,也是最明显的暗示,是当家装客户在你介绍完家装设计方案之后,问你有关价格和成交条件的问题。这个家装工程总共要多少钱,设计费是多少?以及付款方法等。当你听到像这样的问题,应立刻停止介绍,并且尝试结案。用你自己的问题来回复他的问题:你希望什么时间看图?你打算什么时间搬进新房?你想设计师什么时候到你家量房?

第二个信号发生在家装客户询问你有关家装工程的更多细节时。这通常显示你已经按到了他的热钮。家装客户对你家装方案中某项内容最吸引他的部分表示好奇、兴趣,甚至着迷。当你开始听到要求细节的问题时,就把介绍重心放在家装设计的该项特点上,它的造型如何、材料如何、色彩如何,空间效果如何,拥有它能享受到多大的乐趣。你可以这样说:"这是这个家装设计方案最受欢迎的特点之一。事实上,如果你真的喜欢,我可以修改完善后在周末以前派人送到你那里去。"

第三个信号就是当家装客户问及进场和完工日期的时候。多久才能进场?你只要用一个简单的问题就可以确定这是不

第八章　家装接单六种强效成交技巧

是签单的信号。"你想要派设计师到这个地址量房吗？"假如他确认这是他想要进场的地点，他就已经决定要签单了。或者，你可以这样问："你多长时间想看到设计图纸和效果图？"不管他给你的时间计划是什么，他都已经决定跟你签订家装工程合同了。一定要立刻停止介绍活动，开始结案事宜。

第四个家装客户表示准备签单的信号就是调整姿势，或改变肢体语言。当家装客户即将做签单决定的时候，他会有两种姿态，即"茶壶姿态"和深思姿态（或称之为揉下巴姿态）。依据研究报告，揉下巴表示99%的肯定价值。当家装客户用手支着下巴，他就开始陷入思考。几乎肯定是在考虑如何签订你的家装设计方案。他对你视若无睹，充耳不闻。你应该停止说话，静静坐在那里，直到他把手放下来为止。当他的手放下来，抬起头来看着你，答案就是肯定的。当这些现象发生的时候，一旦他放下手臂看着你，你就要立刻提出结案式的问题。

寻找出家装客户签单的热钮

我们已经知道：家装顾客总是有需求的，在家装接单过程中，你的任务就是寻找出家装客户的需求和渴望，并按下这个接单按钮。

我们已经了解，家装客户的渴望和需求是有很大差异的。家装客户可能显然需要你所设计的东西，但却不见得想要它。家装客户可能渴望某项家装方案，但却不见得需要它。需要通常是理性且可以衡量的，而渴望则是感性而无形的东西。你若想达成交易而成功签单，就必须把家装方案或家装建议融家装客户的渴望与需求于同一项决定当中。

热钮是感性的，只有能迎合家装客户对地位、尊重、肯定、尊贵或是个人享受的渴望时，热钮才会被触动。你必须要找到什么是会让家装客户有兴趣或兴奋的事，什么是他真正的渴望，然后再集中火力向他大力促销，让他知道如果签订了你的家装方案之后，会得到哪些最重要的好处和利益。

一般家装客户会用一些中性或冷淡的字眼表达他们对家装设计不怎么有兴趣。若你介绍某些东西让他们动了心的话，他

签单信号是成交意愿的暗示

家装客户也会因为突然变得友善而透露出准备签单的讯息。家装客户突然一反抗拒或僵持的态度，变得和蔼友善起来。他开始像主人一样地招待你。他们会这样问你："顺便一提，你参观过我们住的小区吗？有孩子吗？在这个城市已经住了多久啦？"当家装客户转变成友善的态度时，这就表示他作决策的压力已经解除了。他现在比较轻松，而且准备签单。你应该微笑地向他提出一个结案式的问题，以确定家装客户是否真的准备结案。"你比较喜欢哪一种颜色？你希望何时收看图纸？"

最后，你必须有所保证

有时候当家装客户开始提出一些障眼法的疑问时，这就是他已到达终点的讯息。你必须最后向他有所保证。

他会问类似这样的问题。"我怎么知道这是我拿到最好的条件？价钱还能不能再有些弹性？"家装客户通常只有当他决定要这些家装设计，而且也支付得起时，才会提出类似这样的疑问。他已经准备作签单决定了。他就像是个一路滑向终点，却想在不归路上多抓一两根稻草的人。你必须向他保证，他做了一个很好的决定："你做了一个聪明的选择！这套方案装修完工之后，保证绝对你满意，物超所值。"

第八章

家装接单六种强效成交技巧

身为家装设计接单高手,你必须是一位不会让人感到太大压力,甚至毫无压力的设计师。你不可有任何意图操纵别人的言行,而危及维系家装接单关系基础的脆弱信任感。你对家装客户应行事光明磊落,直截了当,有凭有据,绝对不可以使用一些诡计,让家装客户觉得被迫做出违反自己最大利益的事。绝对不可以企图用任何方法操纵家装客户。

你可以说:"某某先生/女士,那么说你是对我的家装设计方案真的感到有兴趣了,对吗?"

他们通常都会说"你说得对,我们确实有兴趣,我们会考虑一下的。"

说完这句话后,你一定要记得给你的家装客户留下时间作出反应,因为他们作出的反应通常都会为你的下一句话起很大的辅助作用。

接下来,你应该确认他们真的会考虑:"某某先生/女士,既然你真的有兴趣,那么我可以假设你会很认真地考虑我的方案,对吗?"

注意"考虑"二字一定要慢慢地说出来,并且要以强调的语气说出。

你可以问他:"某某先生,我刚才到底是漏讲了什么或是哪里没有解释清楚,导致你说你要考虑一下呢?是我公司的施工质量吗?"后半部问句你可以举很多的例子,因为这样能让你分析能提供给他们的好处。一直到最后,你问他:"某某先生,讲正经的,有没有可能会是钱的问题呢?"

们就会用情绪性的字眼。当一个家装客户说:"这看起来蛮有趣的。"他其实是说他一点兴趣也没有。当一个家装客户谈到某处的设计处理 "太棒了"或"简直不可思议"的时候,他的意思是说,你已接近他的情绪范围。

你能在后来叙述你的家装设计方法某一特色时,引用同样的字眼来加强他的渴望。你可以这样说,"这项突破简直不可思议"或"每次想到它,都会觉得它实在很棒"。当你在家装设计对话中不断重复这些情绪性的字眼和词句的时候,家装客户在家装接待流程中就会越来越兴奋。不论在哪一种状况下,若是能触及家装客户的情绪范围,你就是在跟他谈他真正的渴望,而非他的需要。

有六种和以上原则相呼应的方法,能够将家装设计接单过程引导到对你有利的结论,并且维持日后的关系品质。这六种成交方法绝对会对你的家装设计接单有巨大的帮助。

家装接单六种强效成交技巧

1、"我要考虑一下"成交法

我们在提议成交之后,一定会有家装客户作出拖延签单的决定,因为所有的家装客户都知道这些技巧。他们肯定会常常说出:"我会考虑一下","让我想一想"诸如此类的话语,如果你真的听到你的家装客户说出了这样的话,我告诉你,这个家装客户已经是你的了。如果你已经掌握了这个技巧的话。

首先要弄清家装客户这么说的真正用意,然后才能"对症下药"。

如果家装客户没有签单的意向,而只是以此为借口推脱的话,当设计师在询问为什么要到以后才会签单时,家装客户会显得不安起来,有点紧张,回答吞吞吐吐、含糊其辞,没有真正具体的理由。

如果家装客户有签单的意向,他们在说话时会表露出签单的诚意,并带有一丝歉意。当设计师问不马上签单的原因时,他们会有比较具体的理由,如"等我新买的房入伙后再定","我要让老公看过后才能定"。

对有签单意向的家装客户,如果他们当时确有困难,也不必勉强。不过设计师应当场尽快对他说清楚他新居存在的问题、你所提供的设计方案是怎样解决那些问题的,家装方案的特点和好处,以及可以给他带来的利益,以坚定其签单的决心。并且,最好能留下一些信息,如地址、电话等,也可以预约在适当的时候登门拜访。设计师在接单时,这一切最好都要用快速手绘的方法当场做出。

对打不定主意的家装客户,应尽量帮他打定主意。因他们对事情没有什么主见,往往要别人帮忙参谋,此时设计师不妨充当家装客户的参谋。

第八章

家装接单六种强效成交技巧

设计师接单实例8-1

1、首先分析原建筑平面图存在的问题

这是一个改动较大的方案。业主是一个三口之家,虽然面积还是比较大的,但原建筑平面图的空间格局并不合理。客厅为长条形,一边宽一边窄,面积也相对较小;餐厅也比较窄,并不好使用;尤其是主卧室,十分不规则,非常不便于布置家具,空间感觉也非常不舒服。

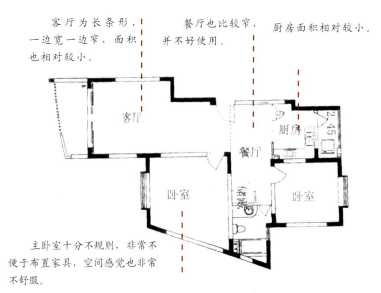

客厅为长条形,一边宽一边窄,面积也相对较小。

餐厅也比较窄,并不好使用。

厨房面积相对较小。

主卧室十分不规则,非常不便于布置家具,空间感觉也非常不舒服。

家装客户提供的原建筑平面图　　建筑面积:103m²

2、介绍解决问题的方案以及带来的利益

空间重新划分后,一切变得开阔起来。主卧室大了,有了衣帽间;客厅也大了,沙发与电视的视觉距离加宽了;人在餐厅内也可以自由走动;由于小阳台并入了厨房,厨房面积也增大了。各个空间所需的功能都可以通过界面的交错得到补充。客厅中心的柱子处理是这个空间的关键,设计师把它作为厅中的一个装饰柜来处理。柱子顶部与顶棚、柱子底部与地面之间留有20mm的缝,使其看上去像放在客厅中的一个活动的柜子。客厅的沙发是现场制作的,充分利用空间,也非常实用。

经过设计师的调整和改造,完美地解决了家装客户原建筑平面存在的问题,使这套住宅从普通到个性,从不实用到合理,家装客户非常满意。

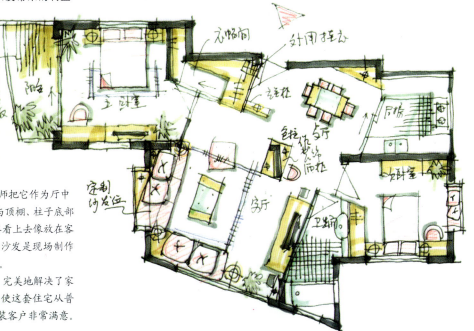

设计师当场手绘的平面布置图

第八章　家装接单六种强效成交技巧

如果对方确定真的是钱的问题之后,你已经打破了"我会考虑一下"定律。而此时如果你能处理得很好,就能把生意做成,因此你必须要好好地处理。询问家装客户除了金钱之外,是否还有其他事情不好确定。在进入下一步接单步骤之前,确定你真的遇到了最后一道关卡。

但如果家装客户不确定是否真的要签单,那就不要急着在金钱的问题上去结束这次的交易,即使这对家装客户来说是一个明智的决定。如果他们不想签单,他们怎么会在乎它值多少钱呢?

家装设计接单实例8-2

2、"啊,价格太贵啦"成交法

不知各位在你的家装设计接单经历中有没有听过"啊,价格比我预期的高得太多啦!""我没有想过会有这么高的价钱"等等诸如此类的话。我认识一个设计师接单高手,他的业绩总是公司第一名。当他遇到这样的时候,他很快就学会了突破这道障碍的方法。所以,现在我就把它提供给大家。

这种成交法的第一步就是确定你的家装设计价格与你的家装客户的预期价格的差额。现在我们假设你为一个作家客户做的书房装修方案中需要设计一个到顶的书柜,在你的设计方案中,这个书柜既用来储藏数量众多的藏书,又可以把书房从卧室空间中分隔出来。你的报价是1万人民币,而你的家装客户的预期价是8000人民币,这时你必须弄清楚你们之间的价格差异是2000元。

但遗憾的是,往往设计师认为在遇到这类问题时,通常都认为是1万元人民币。这实在是一个很大的问题。事实上,一旦确定了价格差额,金钱上的问题就不再是1万元,而是2000元了,因为你的家装客户绝对不会平白无故地得到你的装修服务的。

现在你对你的家装客户说:"某某先生,照这样看来,我们双方之间的价格差距应该是2000元,对吧?"

现在,我们应该小心地以家装客户的想法来处理这个问题了。我们假设这个书房装修的正常使用寿命是十年。把你的计算器拿给你的目标家装客户,跟他说:"某某先生,我们书柜一般装修的使用年限是十年,这点你已经确定了,对吧?"

"很好,现在我们把2000元除以十年,那么一年你的投资是200元,对吧?"

"很好,您一年用得到书房的时间应该有50周,对吧?如果你把200元除以50周。那么每周您的投资应该是4元,对吧?"

现在你说:"某某先生,我知道您的看书学习的时间很长,所以我假定这书房一星期要用六天应该是很合理的,对吧?麻烦你用4元钱除以六。那

设计师当场手绘的书房效果图

第八章　家装接单六种强效成交技巧

么答案是……""是六毛六！"记住这个答案让你的家装客户说出来，因为到最后，你的家装客户觉得再跟你争执每天六毛多钱已经很可笑了。

你微笑着对你的家装客户说："某某先生，你觉得我们要让这每天六毛六来阻碍您每天安静地写作，来阻碍您因为这种舒适的环境而带来的写作效率的提高吗？"

他回答说不知道。你再问他，"某某先生，我还要问你一个问题，这种书柜是在原来隔墙的位置上做的，同时还可以当电脑台使用，而且还有节省地方的优点，我们已经谈过它的优点了，这个书柜给你节约的钱应该比你买一个普通书柜省钱，对吧？"

你的家装客户会回答："对，我想是这样的。"因为如果不是昧着良心，他没有其他的回答选择。你是否心里在想："哇，真的就这么简单。"为什么不会这么简单呢？

作为一个家装设计接单高手，金钱总是你最常会碰到的问题，既然如此，你不妨把这项技巧运用到你的工作上，跟你的同事、拍档一起练习，记住每一句话，并把数字给记下来，然后去使用它。我敢肯定，你的家装设计接单数字一定会有惊人的增加。如果你用了这个结果法还是不行的话，这对你的业绩并没有任何损害，但不去学习并且使用它们，那就问题大了。设下目标要将这种以及其他几种成交法各使用10次，当然每一次在使用它时，都要尽力去冲刺。你会有一些成果。试着每种结束法都尝试10次，你将会有很大的收获，如果再多尝试10次，你就很快可以拥有你的豪华别墅，开着奔驰6.0去接单了。

3、"对于总是犹豫不绝"成交法

在我们这个社会中，总有办事很拖沓、犹豫的人，他们明明相信我们的家装设计方案和施工质量非常好，也相信如果作出签单决定会给他们的家装工程带来很大的好处。但他们就是迟迟不作出签单决定。他们总是前怕狼，后怕虎。对于他们来说，主导他们作决定的因素不是签单的好处，而是万一出现的失误。就是这"万一的失误"使他们不敢承担作出正确的签单决定的责任。

对于这样的家装客户，你可以对他说："某某先生，假如今天您说好，那会如何呢？假如您说不好那又会如何呢？假如说不好，明天将和今天没有任何改变，对吗？假如今天您说好，您即将获得的好处是很明显的，这点我想您会比我更清楚。某某先生，说好比说不好对您的好处是不是更多呢？"

对于这种性格比较软弱的家装客户，家装设计接单高手必须主导整个家装设计接单过程，他的潜意识里面需要别人替他作出签单决定。他总是需要听取别人的意见而自己却不敢拿什么主意。这种家装客户，家装设计师就必须学会主导整个签单过程，你千万不要不敢为你的家装客户作决定。你要明白，你的决定可能就是你的家装客户的签单行为。

这种性格的人需要帮他拿主意

对于这种性格比较软弱的家装客户，家装设计接单高手必须主导整个家装设计接单过程，他的潜意识里面需要别人替他作出签单决定。

先推销"签单的可能性"

无论家装客户有无签单的意向，设计师都应首先应给对方一个良好的印象，使对方产生交往的兴趣，然后再推销自己的家装设计方案。这就是所谓首先将"签单的可能性"推销出去。

（1）提供了多种选择

常用的问话方式是"你想要深色的黑胡桃木呢还是浅色的白胡桃木？""你喜欢流行的现代风格还是那些稳重的传统风格？"

（2）提出具体建议

例如一名家装客户挑选设计方案时问设计师"墙纸好还是涂料好？"设计师不能说"我不喜欢墙纸，要是我，我选择涂料。"而应该这样说："这两种材料都不错。但涂料现在比较流行，而且比较适合你的房子。你觉得涂料是不是更好呢？"这样既巧妙地说出自己的意见，又促使客户作出最后决定。

（3）削弱让其犹豫的缺点

设计师应明确，假如这一缺点被克服了，家装客户将会作出签单决定。

家装客户："我很喜欢这个电视主墙面设计方案，就是颜色太浅了，不耐脏。"

设计师："这个设计方案的确颜色比较浅，这是你犹豫不决的惟一原因吗？"

家装客户："是的。"

设计师："这个设计方案还有一个特点，可以为它涂上防水的"快涂美"，如果脏了，可以用水擦一下，就干净如新了。你是否也同意用"快涂美"呢？"

家装客户最后满意地说："这样很好，谢谢。"

（4）最后的签单机会

家装客户："我很喜欢这个橱柜的颜色，不过我想到别的公司再看看。"

设计师："这种橱柜一样颜色就这一个，我看你很喜欢，样式还满意吗？"

家装客户："很满意。"

设计师："这种橱柜一种颜色只有一套，下次来货要两个月以后了。假如你先到别的公司看看，可能就会有别人定走了。那您一定会感到失望的。"

（5）给予奖励诱惑

额外的奖励比打折的好处要好得多，降价表明可讨价还价，奖励可给客户完全不同的心理感受。

第八章　家装接单六种强效成交技巧

4、"一分钱一分货"成交法

在我们的家装设计接单工作中，价格总是被家装客户最常提起的话题。不过挑剔价格本身并不重要，重要的是在挑剔价格背后真正的理由。因此，每当有人挑剔你的价格，不要和他争辩。相反，你应当感到欣喜才对。因为只有在家装客户对你的家装设计感兴趣的情况下才会关注价格，你要做的，只是让他觉得价格符合你所提供的装修工程的价值，这样你就可以成交了。

突破价格障碍并不是件困难的事情。因为家装客户如果老是在价格上绕来绕去，这是因为他太注重于价格，而不愿意让你把家装方案介绍注重在他能得到哪些价值。在这种情况下，你可以试试下面的办法。你温和地问："某某先生，请问您是否曾经不花钱买到过东西？"在他回答之后，你再问："某某先生，您曾有见过任何便宜货，结果品质很好的东西吗？"

你要耐心地等待他的回答。他可能会承认，他从来就不期望他得到的便宜货后来都很有价值。

再说："某某先生。您是否觉得一分钱一分货很有道理？"

你可以用这些话结尾，"某某先生，我们提供的装修工程在这高度竞争的市场中，价格是很公道的，我们可能没办法给您最低的价格，而且您也不见得想要这样，但是我们可以给您目前市场上这类档次家庭装修中可能是最好的一站式家装服务。"

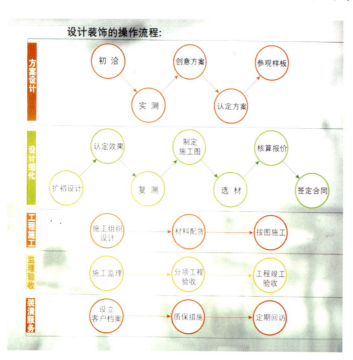

某家装公司的接单操作流程图

需要经常提醒客户"一分钱一分货"

这是买卖之间最伟大的真理，当你用到这种方式做介绍说明时，家装客户几乎都必须同意你所说的很正确。在日常生活中，你付一分钱买一分货。你不可能不花钱就能买到东西，也不可能用很低的价格却买到很好的东西。每次你想省钱而去买便宜货时，却往往悔不当初。

这不是拍卖会

这些话的优点是它们永远是真理。家装客户了解你是绝对诚实而爽快的人，他必定会了解你的价格无法减让。这不是拍卖会，你并不是在那里高举设计方案，请有兴趣的人出价竞标。你是在推荐一项价格合理的好的家装设计方案，而签单决定的重点是，你的家装设计方案适合家装客户解决问题和达到目标。

接下来，"某某先生，有时是不能光凭价格来做决策的。家庭装修花太多不好，但有时投资太少，也有它的问题所在：投资太多，最多您损失了一些钱，投资太少，那您所付出的就更多了——因为你的家装方案无法带给你预期的满足。在这个世界上，我们很少有机会可以看到用最少的钱得到最高

设计师当场手绘的卧室效果图

第八章　家装接单六种强效成交技巧

品质的商品，这就是消费的真理，也就是我们所谓的一分钱一分货的道理。"

5、"别家可能更便宜"成交法

我想在你的家装设计接单生涯中，可能会经常碰到"别家的家装报价比你的家装报价便宜"之类的话。这当然是一个价格问题。但我们必须首先分辨出他真的是认为你的设计方案比别家的贵，或者只是用这句话来跟你进行讨价还价。了解他们对你的家装设计的品质、服务的满意度和兴趣度，这将对你完成一笔交易有莫大的帮助。不过无论他是什么态度，你用下面的成交法都能有效地激发他们的签单欲望，除非他们真的对你的家装设计和服务不感兴趣。但如果你的家装客户真的不感兴趣，他也不会跟你在价格上纠缠来纠缠去，你说对吗？我们来看下面的成交法，他们也许只不过想以较低的价格签单最好的家装设计和服务罢了。既然这样，你就跟他说："某某先生，别家的价格可能真的比我们的价格低。在这个世界上我们都希望以最低的价格得到最高品质的东西。依我个人的了解，家装客户签单时通常都会注意三件事：①家装的价格；②家装的品质；③家装的服务。我从未发现有任何一家公司可以最低价格提供最高品质的家装设计和最好的服务，就好像奔驰汽车不可能卖到桑塔纳的价格一样，对吗？"

接下来，你对你的家装客户说："某某先生，根据您多年的经验来看，以这个价格来跟我们公司签订合同，我们并没有让你吃亏，您说对吗？"

然后，你再继续问他：

"某某先生，装修是一个大事情，为了您长期的幸福，您愿意牺牲哪一项呢？您愿意牺牲设计方案和施工装修的品质呢？还是我们公司良好的服务？某某先生，价格对您真的那么重要吗？"有时多投入一点来获得他们真正所想要的东西，也是值得的，您说是吗？

事实上，很多人都致力于从家装公司那里尽量获得最低的价格。然而，有经验的业主都了解，低价位家庭装修产生的问题往往比它节省费用带来的问题还要多。成熟的业主，基于他们的经验，更在意获得最高品质的家装设计方案和施工质量，远胜于那些低价位的家装设计方案。结果，他们都给自己家里带来了满意的结果。某某先生，您说对吗？"

如果你的家装设计和施工的品质和服务真的够好，你只要将上面的语气记下来，并

先进的工厂制作家装施工流程

留下时间给客户反应

说完这句话后，你最好留下时间给你的家装客户作出反应。因为你说的是经济上不折不扣的真理，你的家装客户几乎没有办法来反驳你，他只能说："是"。

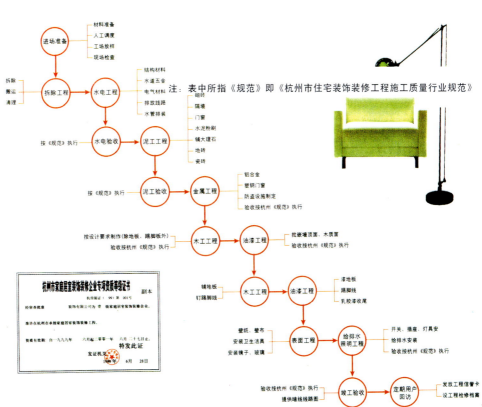

某家装公司的施工工艺流程图

-163-

第八章　　家装接单六种强效成交技巧

且说出去，你的订单就会足够多了。

6、"是、是"成交法

如果你做的家装设计方案的确很出色，而且你们公司家装设计和施工的优点正符合家装客户的需要，在家装客户承认这些优点之前，要先准备一些让家装客户只回答"是"的问题。例如："某某先生，我们是全市惟一一个通过ISO9000质量标准的家装公司，对吗？""我们的设计师全是室内设计专业本科毕业的，是吗？"当然，这些问题必须能表现出家装设计的特点，同时在你有把握家装客户必定会回答"是"的情况下才提出。掌握了这个诀窍，你就能制造一连串让家装客户回答"是"的问题。最后，你要求家装客户签订货单时，他也会心甘情愿地回答"是"了。

让你的家装客户作出回答，因为你的家装设计以及服务和施工的品质确实符合这样的价格，你的家装客户如果不是故意刁难，应该不会作出否定的回答。

在我们的家装设计接单过程中，会开口要求的人才是赢家。但遗憾的是太多人都因为害怕失败和被拒绝，而不愿意开口要求他们想要和需要的东西。他们会用猜测、含蓄、暗示的各种方式，却不愿冒被拒绝的风险而直接提出要求。

最重要的是，你得要求家装客户下订金。要在所有的解说结束，家装设计接单流程进入尾声之际，请求家装客户作出签单决定。正如圣经所云："向他祈求，必有应允，凡祈求者，皆有收获。"

你的生活是否成功、快乐，大都取决于你的能力，以及开口要求所想事物的意愿。要学习如何积极地要求，愉快地要求，有礼貌地要求，有所期待地要求，要求资讯，要求安排见面，要求别人告诉你他犹豫不决的理由，以及了解家装客户的言外之意。

勇气和胆识是构成家装设计师接单高手的基本特质。凡是能够发挥最大潜能的设计师，个个都是能克服恐惧，勇往直前，不畏失败、挫折、遭拒等枪林弹雨的勇士。一旦你决定自己要的是什么，就表现出一副不可能失败的架势，而它就绝对会实现！在家装行业里，除非你因怀疑、恐惧或自我设限，否则你的成就是没有上限的。当你练习大胆行动，表现出一副不可能失败的架势时，你立刻会把勇敢纳入你人格的重要特质，一生受用不尽，你在家装设计接单上的成功也将指日可待。

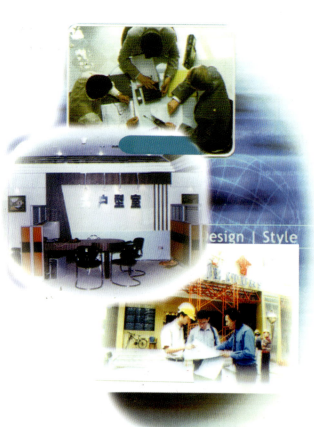

第九章

接单与快速表达流程实例

我们的目的是提高接单成功率。为此,设计师不但要具备较高方案设计能力,还要学会怎样跟家装客户交流沟通。良好的沟通是接单成功的基础,而当场手绘,则是启动家装客户签单的热钮。

学习要点

1、强化接单管理　保护公司和设计师权利
2、用实例交流沟通　用知识赢得信任
3、步步完工预视　完美表达业主意愿
4、当场做出预算报价表

我们知道在快乐家装中,设计师接单的方式方法与传统的要求是不同的。其中最显著的特点:一是重视家装客户现场沟通交流,强调当场出方案和当场报价,做到家装客户当场提出意见,设计师当场修改;二是方案设计过程可视化,要求价格透明化,设计可视化,尤其提倡要用家装客户容易看懂的彩色效果图来表达方案设计意图,整个接单过程让客户明明白白。这对设计师的基本功要求是比较高的,设计师一般要有较高的手绘能力和预算报价能力。

以往,往往只有少数家装设计接单高手才能做到。现在,许多设计师通过一定时间的训练也都可以完全掌握。尤其是随着电脑的普及和家装设计软件的开发和升级,使得设计师当场画图和报价变得十分轻松快捷,越来越多的设计师也开始应用电脑来设计接单了。

但是,需要说明的是,电脑和手绘各有各的优势和特点,设计师在接单时需要灵活掌握和运用。无论是用电脑还是手绘,设计师在进行设计方案表达时,都需要体现出家装接单"快速可视"和"清楚明白"的特点。一般来说,设计师在现场接待客户时,如果是跟家装客户沟通或分析家装设计方案,主要是用手绘完成;设计师也可以应用电脑操作的方法来代

手绘是设计方案构思和电脑绘图的基础

另一方面,手绘也是设计方案构思和电脑绘图的基础。无论是表现精美逼真的电脑透视效果图还是细致周到的施工图和预算报价,无不是设计师经过无数次手绘草图修改完善而最后完成的。

第九章　接单与快速表达流程实例

替，不过总是没有徒手画来得快和方便。而如果是设计师后期在"后台"出设计施工图纸、电脑效果图以及预算报价方面，则还是电脑来得准确快捷，而且修改起来也方便。

另一方面，手绘也是设计方案构想和电脑绘图的基础。无论是气氛表达逼真的电脑透视效果图，还是细致周到的施工图、预算报价表，无不是经过设计师无数次手绘草图修改而得出的。

现以一个家装接单实例来说明设计师在快乐家装设计中，设计师是如何应用电脑和手绘两种方法接待家装客户的。

第一步　强化接单管理　保护公司和设计师权利

在快乐家装设计接单中，每个公司接待来访者的都要详细登记，包括接待客户的名称、电话、接单过程进展情况、收款情况等。这一般都是由公司通过电脑来操作完成的。

1、设计师身份登记

首先进行设计项目负责人或接待人身份登记。用电脑能够按管理权限或接待人等级控制公司的客户资料、内外工料利润差价等公司经营机密；也能控制设计师所接待客户的设计图纸和报价等资料文件。这都给家装公司管理提供了很大的方便，使公司和设计师各自的权利不受侵犯成为可能。

2、家装工程名称登记

快乐家装是以接待的每一个家装业主客户为基本工程单位进行严格管理和经营核算的。所以，每次接待一个业主时，首先要进行工程名称登记。电脑系统会自动建立以该客户家装工程名称命名的文件夹目录（相当于为该业主建立了一个工程档案库）。以后该业主所有的家装设计工程文件都会自动排列在该文件夹目录中，便于家装公司和设计师对该工程项目的文件查询和经营管理。

第二步　用实例交流沟通　用知识赢得信任

设计师接待家装客户时，能否和家装业主保持良好的沟通很重要。这通常会包括两方面的任务：一是取得客户的信任，二是了解客户的需求。设计师能否迅速了解业主喜好是

目前，很多家装公司为了加强设计接单管理，控制设计师"飞单"（设计师自己私下接单），都制定了许多严格的接待制度，但仍然是防不胜防。在快乐家装中，这个工作是通过电脑系统软件来自动完成的。

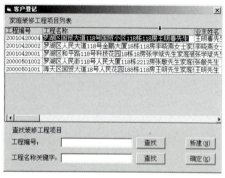

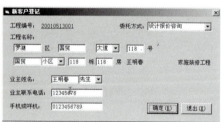

第九章 接单与快速表达流程实例

做好设计方案的前提，而迅速取得客户信任是取得家装"定单"关键。

1、样板房浏览和讲解介绍

在实际接待客户过程中，业主往往想多了解一下装修公司的实力和水平，设计师也想尽快了解业主的真实想法和要求。然而，业主的想法，尤其是对色彩和风格等的想法，设计师往往很难表达和把握。无疑，给业主浏览各种样板房图片是一种很好的方法。

在样板房浏览过程中电脑系统地提供了设计风格、材料品质、色彩搭配、施工工艺等家装接单设计高手应具备的家装知识。

（1）选择业主喜欢的相关设计资料

首先设计师和家装客户一起浏览样板房图片。在浏览和介绍过程中，如业主对某一种样板房的风格、样式、色彩、材料及施工做法等实例比较喜好，家装接单高手会随时把双方的沟通情况用设计语言记录下来。

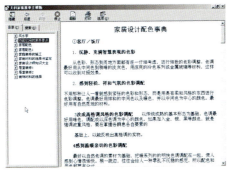

（2）查询相关家装接单设计知识

设计师可以实时在电脑上查询有关家装接单的设计、施工和材料等相关知识和技能。

2、样板房工程图展示

浏览各种类型的样板房家装设计工程图纸可以更进一步展示家装公司的实力，反映家装公司的施工和设计水平，也可通过浏览进一步了解客户的装修要求。电脑系统提供了方便、实用的工程图纸浏览手段，可以同时浏览多张图纸，也可对图纸做修改和标记。

浏览样板房，帮助客户选择家装风格色彩

以往传统的接单方法，设计师都是对着一堆照片册靠"嘴"说方案的，使用不方便，感染力很差，说服客户的效果也不好。这个工作在快乐家装中是利用电脑多媒体的手段来完成的。设计师可以利用家装专家精心编排的实景图片，配以文字和声音解说等方法，完美地解决了以往家装设计师和业主双方沟通时难以充分表达的问题。

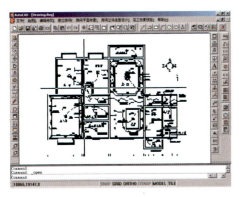

（3）浏览样板房，帮助客户了解设计图纸

帮助客户选择家装空间格局及设计样式

帮助客户选择家装施工材料及工艺做法

第九章　接单与快速表达流程实例

3、快速进行业主家装信息咨询记录

准确记录业主的家装信息对于家装公司顺利地进行家装设计和施工非常重要。但由于家装信息繁琐，不易表达，以往的记录都存在不科学、不规范甚至不知问什么和记什么的问题。电脑系统提供了快速、规范地记录有关装修信息的方法，很好地解决了长期困扰家装公司的问题，大大提高了接待客户的速度，同时也规范了公司对客户的管理，方便同一家装设计中不同设计师间的交流合作。

（2）填写"房屋信息"表

房屋有关信息对于设计师进一步了解房屋的现状和业主的要求很重要。同时，如果不同设计师完成同一个家装工程，这些信息对于设计师之间进行设计交流很重要。

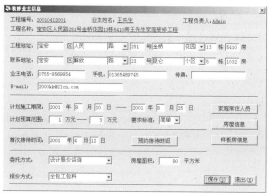

（1）填写"家庭常住人员"表

家庭常住人员的有关信息特别是一些家庭主要成员特殊的要求和喜好，对于设计师进行有针对性的家装设计很重要，设计师应设法详细咨询和了解。

（3）填写"预约接待时间"表

"预约接待时间"相当于一个备忘录，记录了设计师约定的接待业主的时间和要注意的相关内容，如何时讨论方案、签合同和交订金等。

第三步　步步完工预视　完美表达业主意愿

家装设计的沟通要用设计的语言。尽管前面设计师和家装客户已经进行了很多沟通和交流，但是，客户的很多想法以及设计师的设计建议，最终还是要落实到平面图、立面图，甚至是效果图才能表达清楚。在快乐家装设计中，设计师接单时强调要用设计语言来和家装客户沟通交流，坚决杜绝"嘴说方案"。

在接单时，设计师要采用"完工预视"的方法：设计师要能把家装客户的想法和设计师的设计构想当场迅速地用手绘的方法表达出来，并且所有的设计方案都尽可能地用客户能看懂的效果图（也就是装修完工后的立体效果）来清楚表达。通过这种方法，充分表达了家装业主的装修想法，让家装客户消费得明明白白，自己花的每一分钱都看得见；同时，富有感染力的完工后的装修效果图，也这大大促使了家装客户作出签单决定，对提高接单成功率起了决定性的作用。

第一步和第二步，显然是用电脑比较方便快捷。设计师可运用的电脑软件，除了一些专业的室内设计和家装接单软件外，还可用一些常用的办公软件，如ACDsee、Office2000等。

第九章　　接单与快速表达流程实例

1、快速绘制新居建筑平面图并进行格局分析

一般来说，家装客户在第一次跟设计师接触时，都会带来新居的建筑平面图（没有的，就需要设计师上门测量）。设计师要能当场绘制出业主的新居建筑平面图，并且马上进行户型空间格局分析。

这一步非常重要，这是一个发现家装客户潜在的家装问题和家装需求的过程——主要是对家装客户新居户型进行空间格局分析。

很多家装客户最初和家装设计师接触时，并不知道请设计师能对自己有什么帮助，也就是不知道设计师的"价值"所在。他们似乎对自己的新居怎么装修了如指掌，希望这里这样布置，那里那样装修。他们并不知道自己的新居原来存在的建筑空间问题，更不知道由于他们的随意"装修"而产生出新的空间问题。而解决这些问题，让家装客户的新居更加舒适美观，这正是设计师所要做的工作，正是设计师的"价值"所在。因此，设计师一定要通过这一步骤来"找出"家装客户目前存在的家装问题，引申出家装客户的家装需求，从而显示出自己的"价值"来。

设计师可以和业主一起面对电脑进行现场设计操作。设计师可以一边同业主交流沟通，一边操作电脑做设计。业主可以当场从电脑中看到设计结果，并随时提出修改意见；设计师可以立刻根据业主的意见立刻作出修改和调整，业主很快就会在电脑中形象地看到设计师的修改结果。

设计师也可以运用快速手绘的方法，一边画图，一边和业主交流沟通。这比电脑更来得自由、方便和快捷，在以往是设计师很渴望但很难达到的，必须掌握一定的手绘技巧和经过训练的设计师才能达到这样的徒手画能力。

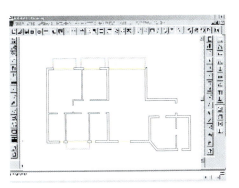

快速绘制出新居平面图很重要

能否当场绘制出原建筑平面图并对原空间格局作出深入贴切的分析非常重要，分析得好，就能很快取得客户的信任，从而抓住客户，这是设计师接单设计工作的基础。否则，就会失去客户，下面的工作就无从谈起。

家装设计师接单实例9-1

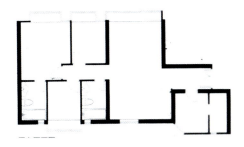

客户提供的原建筑平面图

（1）**先画房间墙体结构**

按照客户提供的草图快速画出大致样式，只要学会用电脑画直线就能快速画出平面图。

（2）**再画出房间建筑平面布置图**

经过编辑修改，调整出房间墙体轮廓准确的大小样式，再画出门、窗。

设计师用电脑快速画出房间建筑平面图

第九章

接单与快速表达流程实例

设计师首先用手绘快速画出房间建筑平面图，并对原建筑平面的空间格局作一个深入分析和调整。

这是一套比较常见的户型格局，业主是一个三口之家的年轻家庭，房主是一个自由职业者，要求过着热闹而自由的生活。

应该说这是一套比较理想的房子。新居的平面格局较为合理。客厅和餐厅相对独立完整，是一个比较理想的布局；动静和公私功能分区也比较合理，卧室等房间位于走廊的一端，使休息和工作时较少受客厅的干扰，满足了主人在家工作的需要；主人房卫生间使生活质量更高，和厨房相联的杂务间使得房间功能大大增强。

不足的地方：①客厅面积相对较小，不能满足热情好客的年轻主人频繁接待客人聚会的需要；②主卧室面积相对较小，主卧室门正对大门"对冲"；③餐厅和走道面积略显浪费，无阳台略显不便。这些不足之处，都可以通过设计师装修设计时对原空间格局加以调整和改造来解决。

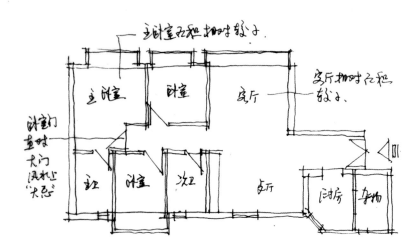

设计师对原建筑空间格局做分析时手绘的建筑平面图

2、快速进行平面布置方案设计

接下来，就进入了具体的家装方案设计阶段。一般来说，设计师在接单时为业主进行家庭装修设计是从家具平面布置开始的。

一般来说，平面布置图首先反映的是家装客户的功能要求，家装客户对自己家里装修的想法都表现在这里。所以，设计师要多听取他们的意见，在这方面家装客户最有发言权。因为，这是他们的家，他要在这里生活。因此，设计师在设计和绘图时要充分尊重家装客户的意见和想法，并努力从家装客户对平面布置的要求中揣摩出他们对未来家庭生活方式的需求。比如，布置餐厅和厨房时，他们希望这样布置厨房和餐厅，他们是怎样使用厨房和餐厅的？到底是想实现一种什么样的就餐气氛？

此外，设计师还要能帮助家装客户从平面布置图的二维平面中想像出未来装修完工后的三维空间艺术效果，替家装客户考虑这样的平面布置图在空间使用上是否舒适和有美感。这也正是家装设计师主要的工作，也是家装客户请设计师做

第三步，显然是用手绘比较方便快捷。设计师可运用手绘，一边和客户交流，一边当场画出平面布置图、立面图或效果图。

这样，家装客户的意见可以当场得到反馈，避免误解而反复，大大提高接单的效率和成功率。

第九章　　接单与快速表达流程实例

家装设计的主要目的，同时更是家装设计师显示设计功力和取得家装客户信任的好机会。往往很多家装客户对新居在功能上有许多想法，由于他们不具备设计专业知识，很难从平面布置图中想像出空间的感觉出来，往往会单纯根据功能来进行平面布置，这样装修出来后难免会遇到这样那样的空间问题。比如，在和客厅共用的餐厅中布置就餐位时，从面积上看是可以放下一张餐桌。但如果就这么简单地布置餐厅，装修完工后使用时就会感到很别扭，吃饭时总像是坐在走廊上。这主要就是当初布置就餐位时，就餐空间的限定和分隔没有调整和处理好的原因。

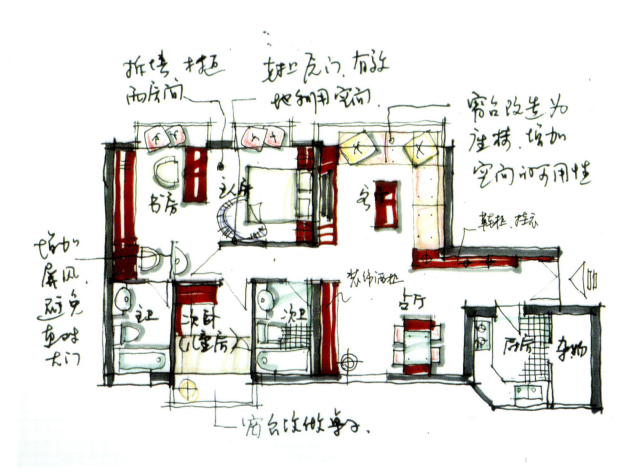

设计师对原建筑空间格局调整后的手绘平面布置图

第九章　接单与快速表达流程实例

这步工作的要点是家装双方当场用设计语言进行沟通和交流。这就要求设计师能当场根据家装客户的想法和自己的初步设计构想，尽快（最好是马上）做出平面布置方案图。这是一个相互交流和沟通的过程：家装客户可以当场提出修改意见并当场看到修改结果，而设计师也能很快知道客户意见，逐步完善并画出新的平面布置方案图，直到家装双方达成一致的意见。

要想当场做出平面布置图，设计师除了要具备较强的方案设计能力，更需要掌握好快速手绘能力——这是接单时家装双方交流和沟通时设计师最方便快捷的工具和方法。设计师可以一边跟家装客户交流沟通，一边用手绘画出家装客户的装修想法和自己的设计构想。如果客户有意见，就会当场反馈给设计师，而设计师也应该马上修改，并画出新的方案来。

现在，设计师也可以使用电脑来画平面布置图。一些家装设计电脑软件系统提供了快速、简单、方便的方法来按照家装客户的要求当场布置房间的家具及灯具等装饰物，并且可以快速方便地进行多方案选择变化和编辑修改调整。

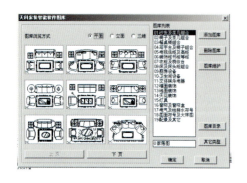

①选择合适的家具款式和样式

系统提供了快速、简单、方便的方法来按照业主的要求当场布置房间的家具及灯具等装饰物，并且可以快速方便地进行多方案选择变化和编辑修改调整。

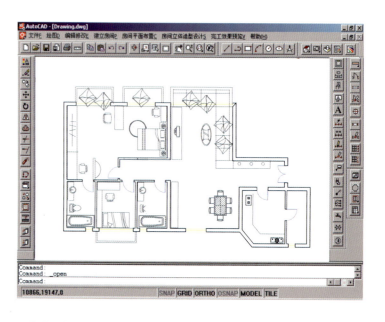

②选择合适的位置和方式来布置

第九章　　　　　　　　　　接单与快速表达流程实例

3、快速绘制墙立面效果图

平面布置图定下来后，但装修后空间效果到底怎样？比如电视背景墙是什么样子，用什么材料？这是家装客户最迫切想知道的。这时，光靠平面布置图是不够的。在家庭装修设计中，墙立面设计是一个重要的环节。从某种程度上讲，家装设计就是墙立面的设计，家装设计的艺术风格效果可以说大都是通过墙立面设计来实现的。因为平面图不能反映出立面效果，因此，设计师一般可以用手绘墙立面效果图的方法来反映装修效果。这是一种表现家装设计装修效果比较简单快捷的方法，也是设计师在接单时比较实用有效的方法。

如果手绘不好会吓跑客户

设计师当场手绘效果图，这是需要一定的技巧和练习的。以往只有一些美院毕业的画画高手才具备这样的能力。很多设计师宁可用"嘴"也不用手，因为如果画不好，反而会把本来印象很好的客户"赶"走。

但这却是设计师应该掌握的一种技能。

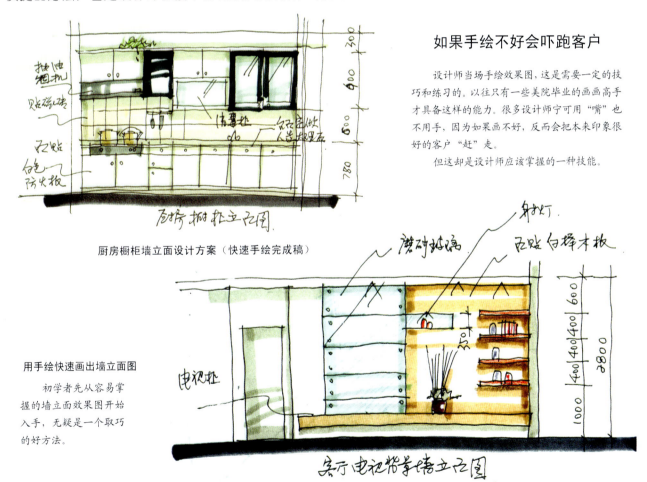

厨房橱柜墙立面设计方案（快速手绘完成稿）

用手绘快速画出墙立面图

初学者先从容易掌握的墙立面效果图开始入手，无疑是一个取巧的好方法。

电视背景墙立面设计方案（快速手绘完成稿）

设计师当场手绘的立面效果图

第九章　接单与快速表达流程实例

手绘墙立面图也可以结合施工图表达来进行，配合文字和尺寸标注，把墙面设计的样式和材料表达得更加清清楚楚、明明白白。

设计师也可以通过电脑来完成墙立面的设计。在平面布置图的基础上，电脑自动生成相应的各个房间的墙立面图。为了增强设计方案的说服力和真实感，可以对设计好的立面图根据家装客户的喜好贴上真实的材料和色彩来进行彩色渲染。家装客户可以当场看到设计的彩色立面方案图，如不满意可以当场提出修改意见；设计师可以马上进行修改，直到家装客户满意。

如果家装客户对于某个设计的样式或材料有不同的意见，可以很方便地选择新的样式和材料来重新编辑设计，家装客户可以马上看到修改后的效果。

快速画出墙立面设计图

①选择要生成立面的墙，电脑立刻生成所需的墙立面方案；
②给墙立面贴上真实材料；
③随时可以修改替换新的样式和材料。

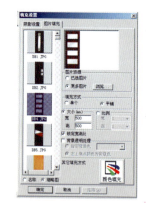

选择客户满意的材料

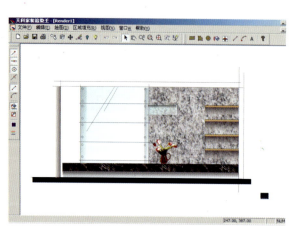

电视背景墙立面设计方案（电脑绘制）

方案1

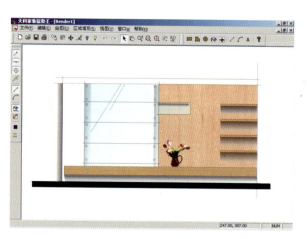

方案2

设计师当场用电脑绘制的立面效果图

4、快速画出彩色三维效果图

显然，墙立面图已能基本上满足家装客户对装修后的效果的想像，但是，这还只是二维的装修效果，很多人还是习惯于看透视效果图，也就是要看到三维的装修后效果，这会更加容易理解，也更容易表现出装修完工后的家装客户所期望的真实气氛效果。其实，在设计师的脑子里，平面布置图、墙立面布置图和透视效果图都是同时进行的，所不同的只是表达的顺序和方式不同而已。而且因为普通的家装客户对于平面图一般都比较难于理解，所以，设计师在绘制平面布置图时往往需要把一些比较精采的"亮点"用透视图的形式表现出来。一些家装接单高手往往都是快速手绘效果图高手。往往当设计师两下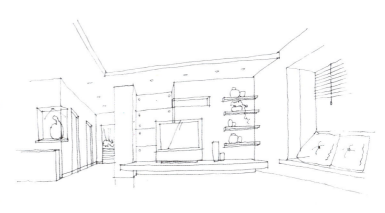三下把家装客户的装修想法和自己的设计构想用手绘的方式表现出来时，家装客户就会对设计师油然产生一种信任感。

设计师当场手绘的客厅透视效果图　　　　　　　　　窗台改做沙发位

第九章　接单与快速表达流程实例

当然，这对设计师来说是一种更高的要求，但是，如果你要从事这一行，快速手绘效果图表现是一定要尽快掌握的。你掌握得越好，你的接单能力就越强，你的收入就越高。

设计师当场手绘的厨房透视效果图

设计师当场手绘的卧室透视效果图

第九章　接单与快速表达流程实例

设计师也可以利用电脑系统把设计好的房间平面布置图快速自动生成三维立体图，并且可以选择不同的色彩风格的渲染效果。家装客户可以立刻看到装修完工后的三维立体效果和彩色虚拟现实效果。

电脑可以选择不同的观看角度，自动生成立体透视图。自动生成相机透视图后，还可以把该透视窗口很方便地自动生成彩色三维真实效果。对同一个房间，根据家装客户的喜好和流行，可以选择不同的装修色彩风格，家装的款式和装修的色彩风格也可以选择，电脑会立刻生成相应的完工后的彩色三维效果，直到家装客户满意。

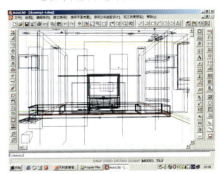

①在平面图中选择合适透视方向

用电脑快速画出的客厅电视背景墙透视效果图

家装客户可以同时得到不同角度，不同风格的彩色效果图，这一切都是通过电脑立刻自动完成的，设计师只需选择按键来指挥就可以了。

②电脑自动生成三维立体模型

③自动生成各种色彩风格的渲染效果

设计师当场用电脑绘制的客厅透视效果图

第四步　当场做出预算报价表

家装客户在讨论并初步确定了装修设计方案后，都非常希望马上知道该设计方案的施工预算报价，因为要决定能否签定下一个满意的家装设计方案，预算报价也是一个重要的因素。

家装报价专业性强，项目繁多，计算量大，常常是设计师接单时头疼的事情。以往都是另请专人来负责，并且不能在客户对设计方案满意后立刻做出准确的报价表，严重影响了客户对方案的选择和签单的决策。

在快乐家装设计接单中，设计师是一般是利用电脑来进行预算报价的。电脑系统根据刚才确定的设计方案，提供了立刻为业主快速、准确地做出装修方案报价预算的功能，其

手绘是电脑效果图的基础，尽管现在的电脑画效果图已非常好用，但是，其方便和快捷程度还是赶不上手绘。电脑表现的效果好坏，这都是取决于设计师的手绘所培养的能力。而且，手绘的过程还是一个设计师构思的过程，这更是电脑所无法替代的。

第九章 接单与快速表达流程实例

选择装修项目和材料做法

立刻生成工程报价表，工程量和单价自动统计计算。

自动算出工程材料的消耗量，方便按需采购材料。

立刻计算出该工程的利润及成本

中工程量和单价系统会根据图纸和所选择的施工做法自动统计计算。此外，还可以自动生成成本分析表、材料采购表等内部统计表，这是家装客户放心地签订家庭装修合同的保证。如果家装客户有意见可以当场修改，公司也可根据成本分析表立刻做出正确利润判断。

1、选择家庭装修预算方案

家装客户具体做哪些装修项目？用哪些装修材料？何种施工方法？按照家装客户的要求，电脑系统提供了方便、简单的方法来和业主一起选择出装修预算方案。这个过程是透明的，家装客户可以根据自己的喜好和经济能力来选择，有充分的选择性和自主性。家装客户可以直观明了地选择自己满意的各种施工工艺和材料做法，并且马上看到相应的单价和总价等报价结果。如改动装修内容，报价马上就能重新生成。因此，对同一个装修客户，设计师同时可以报出几份不同档次的报价方案供家装客户选择，直到满意为止。

2、快速做出预（结）算书

设计师和家装客户一起完成了家装预算方案，系统可以自动生成预（结）算书和预算总表。

系统根据前面确定的装修平面布置图和装修预算方案，自动给出装修项目的工程量和装修单位价格，并详细准确地立刻计算出业主所需的装修金额。

3、打印报价表和其他分析报表

进行完前面的工作，系统就可以自动生成各种需要的成本分析和统计报表了。其中报价表是给业主提供的报表，系统可以自动生成，并能方便地打印输出给业主。此外还可以同时自动生成其他供内部使用的成本分析报表、材料采购表等内部报表。

4、签定设计合同并收取订金

以往设计师在接单时，首次接待家装客户大多是通过"嘴说方案"的方法来进行的。这样，虽然双方谈得很好，但如果当场让家装客户签合同交订金，是比较困难的，往往会因此"吓跑"客户——因为要让家装客户在对装修的样子是什么都

第九章　　接单与快速表达流程实例

不清楚的情况下去签合同，往往是很困难的。很多设计师往往是等下次图画好了再见面时签合同。但是这种做法的风险很大，因为这期间要经历一段时间，其间因为一个小小的意外都会使签合同失败。设计师很可能在签单前画了很多图，但最后还是"白辛苦"。

一般来说，设计师第一次接待客户的时间为5～20分钟。因此，能否在这短短的20分钟内，甚至是5分钟内征服家装客户是成功接单的关键。

现在设计师采取得这种第一次见面就当场手绘方案草图和预算报价的方法，使得家装客户当场签合同和交定金的可能性大大增强。而且，即使家装客户这次没有签，也会给家装客户留下一个极好的印象，这也是一种推销"签单可能性"的方法。

从上面我们可以看出，在快乐家装设计中，接单过程和要求与传统的方式方法是不同的。其中最显著的特点，一是现场沟通交流，强调当场出图、报价，做到家装客户当场提出意见，设计师当场修改；二是设计可视化，要求价格透明化，设计可视化，尤其提倡要用立体效果图来表达设计意图，整个接单过程让客户明明白白。我们看到，在快乐家装中，设计师首先通过电脑多媒体手段，展示实力，吸引客户取得信任。其次是按照客户的要求，通过手绘当场做出设计方案（包括平面图、立面图、彩色效果图）和预算报价表；并且当场根据客户的修改意见马上做出新的设计，直到客户满意为止。全部接单过程做到"设计可视化、价格透明化"。客户的每个装修想法，花的每一分钱自己都看得见。因此，家装客户不必再因为担心完工后的装修效果没有"底"而拒绝当场决定和签单；而设计师可以放心地设计画图，再不必担心自己前期的付出"白辛苦"。这就走出了以往家装设计接单过程中影响双方正常发展的"信任"瓶颈："家装客户对设计师更加信任，设计师也会对设计更加投入"，从而使最后的装修效果更满意，家装双方也从"信任危机"，真正做到了"明白装修、快乐家装"。

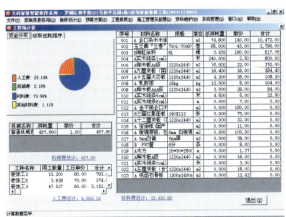

立刻统计出人工、材料、机械等费用

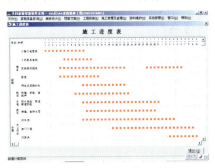

自动生成工程进度表

自动生成施工监理合同书

自动生成各种合同书文本

参考书目

1. 蓝先琳主编.造型设计基础——平面构成.中国轻工出版社
2. 贾森主编.金牌设计师接单高手基础教程.西安交通大学出版社
3. 么冰儒编著.室内外快速表现.上海科学技术出版社
4. 贾森主编.买房的学问.机械工业出版社
5. 贾森主编.家装的计谋.机械工业出版社
6. 彭一刚著.建筑空间组合论.中国建筑工业出版社
7. 霍维国,霍光编著.室内设计工程图画法.中国建筑工业出版社
8. 冯安娜,李沙主编.室内设计参考教程.天津大学出版社
9. 杨键编著.室内徒手画表现法.辽宁科学技术出版社
10. 胡锦著.设计快速表现.机械工业出版社
11. 杨键编著.家居空间设计与快速表现.辽宁科学技术出版社
12. 【美】伯特·多德森著.蔡强译,刘玉民校.素描的诀窍.上海人民美术出版社
13. 吴卫著.钢笔建筑室内环境技法与表现.中国建筑工业出版社
14. 来增祥,陆震纬编著.室内设计原理.中国建筑工业出版社
15. 【美】保罗·拉索著.丘贤丰,刘宇光,郭建青译.图解思考——建筑表现技法.中国建筑工业出版社
16. 杨志麟编著.设计创意.东南大学出版社
17. 吉什拉·瓦特曼著.葛放翻译.温馨居室与你.江苏科技出版社
18. 【日】松下住宅产业株式会社编著.家居设计配色事宜.广州出版社
19. 【香港】欧志横编著.舒适温馨创意室内设计.广州出版社
20. 李长胜编著.快速徒手建筑画.福建科学技术出版社
21. 何振强,黄德龄主编.室内设计手绘快速表现.机械工业出版社
22. 郑孝东编著.手绘与室内设计.南海出版公司

在编辑过程中,我们选用了部分手绘和图片作品。由于时间仓促无法和作者取得联系,特致歉意,并希望这些作者迅速与编者联系,以便领取稿酬。

读者如有关于本书的任何问题,欢迎赐教!(E-mail:jiasen8881@sina.com)